STRESS?

DU ENTSCHEIDEST, WIE DU LEBST

*Gewidmet unseren Coachees und Seminarteilnehmer*

**Dr. Eva Brandt** arbeitet seit über 20 Jahren als selbstständiger zertifizierter Business-Coach.

**Miriam Fritsch-Kümpel** ist Psychologin und coacht Manager, Fach- und Führungskräfte.

Beide sind Gründerinnen des Stresskompetenzzentrums »Lotus-Strategie®« in Wiesbaden.

Eva Brandt, Miriam Fritsch-Kümpel

# STRESS? DU ENTSCHEIDEST, WIE DU LEBST

Das Trainingsbuch nach der Lotus-Strategie

Campus Verlag
Frankfurt/New York

MIX
Papier aus verantwortungsvollen Quellen
FSC® C089473

ISBN 978-3-593-50802-3 Print
ISBN 978-3-593-43804-7 E-Book (PDF)
ISBN 978-3-593-43825-2 E-Book (EPUB)


Umschlaggestaltung: Campus Verlag, Frankfurt am Main
Umschlagmotiv: © Shutterstock/Radmila
Illustrationen: Anna Luise Sulimma, TrendSketcher
Satz: Fotosatz L. Huhn, Linsengericht
Gesetzt aus Minion und Myriad
Druck und Bindung: Beltz Grafische Betriebe, Bad Langensalza
Printed in Germany

www.campus.de

# INHALT

# VORWORT

## Management ist Spitzensport

Erfolg! Fast jeder möchte in seinem Leben den größtmöglichen Erfolg erreichen, sowohl privat als auch beruflich. Dabei wird allzu oft vergessen: Erfolg entsteht durch produktiven Fleiß, Leidenschaft und Einsatz. Selten ist es einfach nur Glück. Dem körperlichen und mentalen Stress die Stirn zu bieten und auch in einer scheinbar aussichtslosen Situation eine kreative Lösung zu entwickeln, darum geht es letztendlich im Sport und auch bei beruflichen Karrieren.

In meiner langjährigen Tätigkeit als sportmedizinischer Berater und Begleiter, unter anderem von Weltklasseathleten, werde ich immer wieder gefragt, wie es Sportler schaffen, zum richtigen Zeitpunkt die bestmögliche Leistung abzurufen. Denn solange wie möglich Topleistungen erbringen und Erfolge erzielen, ohne gesundheitlich abzustürzen, das wünschen sich auch viele meiner Patienten.

Der Sportler dient Managern oft als Vorbild. Was ist das große Geheimnis der Olympiasieger? Wie werden sie zu den Besten ihrer Disziplin? Nun, der Sportler muss von Beginn an – nicht nur als Hochleistungssportler – Anspruch und Wirklichkeit abgleichen. Er muss sich an einer Werteskala orientieren, die ihm tägliches Training ermöglicht, ohne dabei den privaten Ausgleich zu vernachlässigen oder seinen Körper zu schinden. Gelingt ihm dies nicht, so besteht die Gefahr, in ein Übertraining abzurutschen. Im normalen Leben nennen wir dies Burnout. Um diesen Zustand zu vermeiden, vermitteln Trainer und Mediziner dem Athleten sehr früh das Modell der Superkompensation: Auf ein hartes Training, das geprägt ist von Müdigkeit bis hin zur Erschöpfung, folgt die wichtige Phase der Erholung – und zwar genau zu dem Zeitpunkt, der zur erhöhten Leistungsfähigkeit führt. Dieser Rhythmus aus Reizen und Loslassen, aus Kraft und Entspannung, aus Training und Pause ermöglicht erst die Leistungssteigerung. Werden die Trainingsreize zu dicht hintereinander gesetzt oder ist der Trainingsumfang zu groß und damit die Phase der Erholung zu kurz, kann keine Leistungssteigerung herbeigeführt werden. Das Ergebnis lautet vielmehr: Übertraining, Burnout, Depression, Leistungsabfall und Erfolglosigkeit.

Für mich ist jeder Patient ein Athlet und das Modell der Superkompensation ist für jeden im Berufsalltag ein Erfolgsmodell. Für viele Manager besteht der Alltag aus Arbeitsverdichtung, aus Überstunden und einer Vermischung von Privat- und Berufsleben. zu dem versuchen viele meiner Patienten, die immer weiter schrumpfende Freizeit mit einem Übermaß an Aktivitäten zu füllen. Freizeitstress entsteht und führt in der Summe zur Erschöpfung. Die Lösung, um dieser unsäglichen Spirale zu entrinnen, formulierte ein erfolgreicher deutscher Sportler: »Seitdem ich langsamer laufe, komme ich schneller ans Ziel.« Ich wünsche mir, dass diese Erkenntnis auch Einzug im Management findet. Dr. Eva Brandt und Miriam Fritsch-Kümpel stellen diesen Satz in den Mittelpunkt der Lotus-Strategie. Denn als Stressforscherinnen wissen beide, dass erst die Regeneration die Leistung voranbringt.

Ihr Buch trägt den Charakter eines Trainingsbuchs, wie es auch jeder Sportler in seiner Sporttasche trägt. Weiterentwicklung, Bewertung des eigenen Handelns und Förderung der mentalen Stärke, das sind die Schwerpunkte.

Ich sehe einen sehr großen Bedarf für diesen Ansatz, da ich aus Sport und Medizin weiß, wie wichtig es ist, Leitfäden zur Orientierung zu besitzen und sie auch zu leben. Haben Sie den Mut zur Pause! Dann wird sich eine neue Kultur, eine Erfolgskultur in jeder Hinsicht, einstellen.

Dieses Buch macht den Lesern Mut, Leistung als ein gutes, ein gesundes Gefühl zu begreifen.

*Dr. med. Klaus Gerlach*
*Mediziner und Diplom-Sportlehrer, Leistungsdiagnostiker*

# EINLEITUNG

## Viel erreicht – und Energie verloren

Was ist Stress? Ein Modewort? Eine Ausrede? Eine Entschuldigung? Man hat Verständnis, wenn Sie es aussprechen und dabei hilflos mit den Schultern zucken. Unwillkürlich verfällt Ihr Gegenüber in Bedauern oder Verwunderung: »Halten Sie durch!«, mag er sagen, »es werden wieder bessere Zeiten kommen.« Das aber ist ein Trugschluss und dieser Ratschlag kann Ihr Scheitern sein.

Zählen Sie einmal nach, wie oft Sie das Wort Stress aussprechen, weil Sie Ihre Aufgaben nicht erledigten, den Terminplan nicht erfüllten oder ein Versprechen nicht einlösten. Wie oft beruhigen Sie mit diesem Wort Ihr Gewissen, wenn Familie und Freunde mal wieder zu kurz gekommen sind? Und wie oft stellen Sie mit diesem Wort eine Selbstdiagnose, wenn der Nacken verspannt ist oder das Herz für eine Sequenz von wenigen Sekunden aus dem Takt gerät? »Stress!«, sagen Sie sich, »ist normal in komplexen Unternehmenswelten, das muss man aushalten, denn dafür wird man bezahlt und geschätzt«. Und Sie rennen weiter. Sie wollen in Bewegung bleiben. Agilität und Flexibilität sind en vogue, alles andere würde Ihrer Karriere schaden. Allerdings vergessen zunehmend mehr Manager, dass Stress kein Modewort ist, sondern ein Raubbau an Körper und Geist. Er bleibt nie an der Oberfläche, er wirkt tief, dringt in jede Zelle ein, verändert dort die biochemischen Vorgänge. Er stört die Hormon- und Nervensysteme, frisst Energiereserven auf. Wenn Sie es nicht verhindern, dann legt er sich wie ein Netz um die Gedanken, das Fühlen und das Handeln.

Dieses Schicksal teilen sich weltweit Schafzüchter mit Investmentbankern, Hausfrauen mit Konzernmanagern. Selbst Schulkinder aller Nationen sind nicht gefeit vor den Auswirkungen eines langanhaltenden, ungesunden Stresses. Das macht ihn zu einem universellen Thema.

## Zahl und Wahrheit

Längst ist das Thema auch in der Politik und in wissenschaftlichen Institutionen angekommen. Wir sind dankbar, dass ein jährliches Reporting samt Zahlenwerk durch die Medien wandert, aber mal Hand aufs Herz: Treten Sie auch nur einen Schritt kürzer, wenn Sie Fakten hören wie: Aufgrund stressbedingter Leiden verschob sich die Frührentnergrenze auf 48,7 Jahren (1) oder aufgrund von stressbedingten psychischen Erkrankungen stiegen die Arbeitsunfähigkeitstage bundesweit auf 79 Millionen an? (2) Wir vermuten, nein. Sie lesen die Zahlen, vergessen sie – und machen weiter wie bisher. Zahlen zeichnen keine Bilder im Kopf, sie wecken keine Gefühle. Zwar sind Sie informiert, dass wahrscheinlich jeder dritte Manager einem Burnout entgegenrast, aber doch bleiben es Prognosen und damit eine emotionslose Angelegenheit. Was aber geschieht, wenn es Sie trifft? Nicht den Konkurrenten, nicht den Kollegen, sondern Sie persönlich? Dann wird diese Prognose für Sie zur hundertprozentigen Wahrheit. Dann ist es unerheblich, welche Tendenz Studien belegen, dann spielt die Verlaufskurve gemessen an wissenschaftlichen Koordinaten keine Rolle mehr.

Wir haben in unseren Beratungen und Kriseninterventionen erfahren: Männer wie Frauen bereuen nach einem stressbedingten Zusammenbruch zutiefst, dass sie die frühen Signale zur Seite geschoben haben mit einem »Weiter so. Mir wird schon nichts passieren«. Gehetzt, gefordert, verausgabungsbereit haben sie über lange Strecken zu viel Druck ertragen. Bis zur Erschöpfung. Wir haben schon sehr häufig in Augen gesehen, die keine Zuversicht mehr spiegelten. Unabhängig von Zahlenwerken können wir sagen: Die Symptome von Stress zwingen auch Sie in die Knie. Ob entscheidungsfreudige Macher, detailverliebte

Analytiker oder gesellige Netzwerker: Jeder Persönlichkeitstyp verliert mit zunehmendem Stress seine Stärken und empfindet dort, wo er einst aufblühte, nur noch Leere.

Stress hat viele Facetten und doch läuft er immer nach einem gleichen Muster ab: Aus dem kurzfristigen Anstieg des Noradrenalin und des Adrenalin wird eine dauerhafte Cortisolflut. Anfangs versucht Ihr Gehirn, diese Wellen mit einem Sonderschub Serotonin aufzuhalten, Ihre Stimmung wieder auszugleichen. Ein innerer Kampf der Botenstoffe tobt, um Ihr Seelenleben zu retten. Die Muskeln spannen sich. Fluchtbereit. Die Organe werden verstärkt durchblutet. Leistungsbereit, punktgenau wird Energie eingesetzt, Druck erzeugt, Spannung erreicht. Was immer an Ressourcen vorhanden ist, bündelt sich zu einem Drall nach vorne. Für eine kurze Zeit kann dieser Drall Sie beflügeln, dann verschieben Sie Ihre Leistungsgrenzen und Sie erleben ein Glücksgefühl. Sobald aber diese Momente keine Perlen im Alltag mehr sind, sondern wie eine Kette den Morgen mit der Nacht verbinden, wird Stress zu einer Gefahr. Was folgt, ist oft der Zusammenbruch, und was bleibt, ist immer die Reue mit den Worten:

## Ach, hätte ich doch … die Reißleine gezogen

Diesen Satz hören wir, wenn Menschen am Boden sind. Wenn nichts mehr geht, weil der Lebenssinn verlorengegangen ist, weil die Nerven zittern, weil sie nicht mehr fähig sind, auch nur eine Buchseite zu lesen. Zu diesem Zeitpunkt wissen weder Mediziner noch Psychologen oder Stresscoaches, ob es jemals gelingen wird, diesen Menschen wieder in seine einstige Leistungsfähigkeit zurückzubringen. Oft wird er niemals wieder der sein, der er vorher war. Er wird nie wieder für seine Aufgaben brennen können, nie wieder diese Leichtigkeit in sich spüren.

In einer digital-beschleunigten Welt scheinen Menschen im Rausch der Informationen ihren eigenen Rhythmus zu vergessen. Sie versuchen, Vergangenheit, Gegenwart und Zukunft zu einem einzigen Substrat zu verrühren, indem sie heute nachholen, was sie gestern versäumten, und das Morgen bereits gedanklich hinter sich lassen. Nur: Der menschliche Organismus ist für diesen täglichen Sprint ohne Pause nicht gemacht. Seine Funktionalität und seine Emotionalität können sich nur entfalten, wenn es einen Wechsel aus Anspannung und Loslassen gibt. So wie der Herzschlag aus Systole und Diastole, aus Zusammenziehen und Erschlaffen, besteht, so wie die Lunge sich mit Luft füllt und leert, weil Inspiration und Exspiration im Einklang stehen, so brauchen auch Sie die Ruhe zwischendurch.

Aber wie, mögen Sie sich nun fragen, kann das gelingen? Sie ahnen es bereits: durch Selbstfürsorge. Denn Sie dürfen gewiss sein, dass Ihnen im Business niemand auf die Schulter klopft und sagt: »Gut gemacht. Sie haben sich einen Urlaub gegönnt, immer die Pausen eingehalten und zudem die Deadline für das Projekt verschoben.« Niemand wird sich Gedanken darüber machen, ob Ihr Brennen für die Aufgaben nicht mit der Zeit zu einem Ausbrennen wird. Und selbst wenn: Ratschläge helfen Ihnen nicht! Zu sagen »Treten Sie sofort kürzer!« wäre etwa so, als würden wir Ihnen bei der Erstellung Ihrer Bilanz zurufen »Seien Sie sofort kreativ!« Sie würden unruhig werden. Noch mehr Stress wäre die Folge.

Deshalb besteht unsere Lotus-Strategie aus einem ganzheitlichen Ansatz. Wir betrachten Ihr Temperament und Ihre Stärken ebenso wie Ihr Zeitgefühl. Die daraus resultierenden Merkmale bilden wir in sieben Modulen ab: Wo ein Mangel ist, da bieten wir Ihnen Impulse für ein selbstbestimmtes Training, das die physische, psychische, seelische Widerstandskraft steigert. Sie erhalten darüber hinaus wissenschaftlich fundierte Methoden an die Hand, die wir seit fast zwanzig Jahren verfeinern. Getreu unserer Überzeugung, dass Stresskompetenz erstens eine Sache der Persönlichkeit und zweitens der Selbsterkenntnis ist, verstehen wir uns als wertschätzende, empathische Begleiter.

## Die Lotus-Strategie, ein Trainingsbuch

Wir empfehlen Ihnen, die ersten beiden Kapitel als Einstimmung zu lesen, um festzustellen, welcher Stresstyp Sie sind. Dazu bieten wir

Ihnen einen auf der Grundlage verschiedener Persönlichkeitsmodelle basierenden Test an. Das Ergebnis zeigt Ihnen, welche Situationen bei Ihnen Stress auslösen und welche Probleme Sie dadurch möglicherweise dauerhaft haben werden. Nehmen Sie sich Zeit, dieses Ergebnis zu reflektieren. Malen Sie nichts schön und denken Sie nicht, alles sei halb so schlimm, es würden bald bessere Zeiten kommen und manche Probleme könnten sich gar von selbst lösen. Das Leben lehrt nämlich anderes. Aber dazu später mehr.

In den Kapiteln vier bis zehn entfalten wir mit Ihnen die sieben Lotusblätter, die sinnbildlich für die Lebensbereiche stehen, die Glück, Erfolg und Zufriedenheit versprechen, wenn sie sich stimmig anfühlen. Wir werden Ihnen veranschaulichen, was geschieht, wenn Sie über Ihre Sehnsüchte hinwegtrampeln, wenn Sie fremde Ansichten übernehmen und Ihren Eigensinn vernachlässigen.

Das Erkennen von antrainierten Fehlern und Haltungen kann schmerzvoll sein und ein Verändern ebenso. Das wollen wir Ihnen nicht verschweigen. Uns ist im weiten Stressspektrum jede Form von Schmerz bekannt – leider, sind wir versucht zu sagen. Denn Sie dürfen sicher sein, es wäre uns lieber gewesen, dass unser Buch nie geschrieben worden wäre, einzig weil Stress im Alltag getilgt und sich in eine Formel von Glück gewandelt hätte. Aber bleiben wir zunächst beim Stress, Ihrem persönlichen Antagonisten.

Mit diesem Buch halten Sie ein Trainingsbuch in der Hand. Sie können mit diesem Buch aktiv arbeiten, sozusagen Ihr persönliches Workout durchführen. Dazu bieten wir Ihnen am Ende eines jeden Kapitels Übungen oder Fragen zur Reflexion an. Jedes Kapitel schließt aus diesem Grund mit einer Notizseite, auf der Sie Ihre wichtigsten Erkenntnisse notieren und nächsten Schritte planen können. Mit diesem Angebot wollen wir Ihre Vorstellung wecken, was sich in Ihrem Alltag ändert, wenn Sie wohlwollend für sich selbst sorgen. Dann wächst in Ihnen die Gewissheit, sich in sich selbst geborgen zu fühlen. Es wäre schön, würden Sie Ihre Fantasie groß werden lassen von einem Leben ohne Stress, von einem Alltag aus Farbe, Helligkeit und dem guten Gefühl, nichts zu versäumen. Zur Entspannung bieten wir Ihnen einige Audioübungen mit einem Zugangscode zum Download an.

Den Rahmen setzen wir mit der Lotus-Strategie, die Performance gestalten Sie selbst.

Wir freuen uns auf Sie! Starten wir!

Ihre
*Eva Brandt* und *Miriam Fritsch-Kümpel*

## Literatur


(1) Deutsche Rentenversicherung Bund: Rentenversicherung in Zeitreihen 2012 und 2013

(2) BMAS/BAuA: Sicherheit und Gesundheit bei der Arbeit 2013

Anmerkung: Wir schätzen die Leistung von Männern und Frauen gleichermaßen, verzichten jedoch aus Gründen der Lesbarkeit auf Dopplungen. Rückschlüsse auf reale Personen oder Unternehmen sind rein zufällig und nicht beabsichtigt. Mit der Begriffsnennung »Manager« möchten wir Fach- und Führungskräfte sowie Projektleiter und Unternehmer ansprechen.

Download: Die Audiodateien finden Sie als Download auf der Homepage des Campus Verlags unter: Campus.de/stress?

Ihr Zugangscode hierfür lautet: bf_St#0318x

**Diese Icons helfen Ihnen bei der Orientierung**

Analyse

Audio

Übung

# KAPITEL 1
# DER BÄR IST WEG

Es gibt keine Wirklichkeit,
außer die wir uns persönlich machen.

*Paul Watzlawick*

Stellen Sie sich vor, Sie blicken durch eine teleskopische Kamera. Die Blende ist weit aufgezogen, richtet sich nach oben, mitten hinein in das Universum. Sie sehen Abermillionen von Lichtern. Hin und wieder glitzert eines davon besonders auf, um dann wieder zu erlöschen. »Ein längst gestorbener Stern«, sagen Sie sich und suchen weiter in dieser schwarzen Ewigkeit nach einem Halt für die Augen, um die Orientierung nicht zu verlieren oder um die Dimension der Galaxie zu erfassen. Mit diesem Blick auf Raum, Licht und Zeit scheint Ihr eigenes Sein zu schrumpfen. Ehrfurcht macht sich breit vor der Sonne, die mit ihrer Anziehungskraft seit 4,5 Milliarden Jahren die Erde in ihrem Bann hält. Acht Lichtminuten entfernt hat sie ihren Platz in diesem Sternensystem, und Sie denken sich, dass das Leben seit Menschengedenken überhaupt nur möglich ist durch die Kraft dieses trägen, ständig implodierenden Sterns. Und während Ihre Augen sich an die Weite gewöhnt haben, zoomen Sie das Bild heran. Über Ihnen krümmt sich die Milchstraße, auf der Sie 100 Milliarden von Sternen vermuten. Ein Gewusel aus Staub, ein Flirren aus Nanosekunden bündelt sich zu kühlweißen Strahlen, die sich in der Endlosigkeit verlieren. Sie staunen. Sie sind fasziniert – und merken zu spät, dass diese Endlosigkeit auf Sie herabsaust, Sie mitreißt, Sie in ein Zeitloch zieht, in einen Sog aus 120 000 Jahren, dorthin, wo der moderne Mensch seinen Anfang nahm. Sie fallen.

Sie empfinden Stress in Reinform! Sie wollen flüchten, sich totstellen, aber keine Reaktion kann den Sturz im Zeitloch stoppen. Verzweifelt versuchen Sie sich zu erinnern, was der Antistresscoach Ihnen in gefährlichen Situationen geraten hat, wenn das Adrenalin in Ihnen wallt und Ihr Herz sich überschlägt. Ah, es war ein Satz, der Ihnen Gelassenheit geben sollte: »Ich entscheide, was gut für mich ist. Ich bin der Entscheider in meinem Leben.« Aber Ihr Stammhirn ignoriert Ihr Murmeln, läutet die höchste Alarmstufe ein, so dass es in den Ohren pfeift. Dieser Satz, so ahnen Sie, ist ein Satz aus dem Lehrbuch der Zukunft. Sie aber rasen in die Vergangenheit und dort herrschen andere Regeln, um dem Stress zu begegnen.

## Fantasiespiel jenseits der Wissenschaft

Unsanft plumpsen Sie auf einen Untergrund aus hartem, scharfkantigem Gras, weder die Form noch Größe der Halme haben Sie je gesehen. Um Sie herum wuchert Grün in hundert Schattierungen, vor Ihnen fließt träge ein Fluss und weiter hinten schimmern die Oberflächen kleiner Seen. Vor Ihrem geistigen Auge flammt das Wort *Afrika* auf und in der Unterzeile steht geschrieben: *Tal von Awash, 120 000 v. Chr.* Sie kennen diese Gegend, waren erst vor kurzem im Urlaub hier. Da rasten Sie mit einem Jeep durch die Sandwüste und über Felsengestein. Karg und heiß fanden Sie es. Und nun soll sich Awash wie ein Paradies vor Ihnen ausbreiten? Eine solche Naturpracht haben Sie selbst auf Ihrer Dschungelreise durch Costa Rica nicht gesehen. Fremd ist die Vegetation und kreischend sind die Geräusche in der Luft.

Sie reiben sich die Blessur am rechten Oberschenkel und halten sich mit der anderen Hand die Augen zu, denn die Sonne Äthiopiens scheint grell auf Sie hinunter. Nach der ersten Verwirrung klopfen Sie den Sternenstaub vom teuren Anzug, lösen die Krawatte. Schatten, wo ist Schatten? Der Antistresssatz »Der Entscheider bin ich!« klopft in Ihren Schläfen, vielleicht wirkt er doch in der Vergangenheit …

»Es wird sich schon alles aufklären«, sagen Sie sich. Ganz klar, Ihre Nerven drehen gerade durch. Kein Wunder, Sie haben in den vergangenen Wochen schlichtweg zu viel gearbeitet. Das alles werden Halluzinationen sein, ein Selbstschutz des Gehirns, um endlich mal abzuschalten, ein Zwingen der Fantasie. Deshalb wundern Sie sich nicht über die Riesenkadaver auf dem Weg, auch die seltsamen Töne in der Ferne wollen Sie nicht decodieren. Sie sind erschöpft, wollen ein Glas Wein und Ruhe, wollen einfach nur nachdenken, was aktuell in den Projekten schiefläuft und warum der Konflikt mit Ihrem Chef schwillt. Das denken Sie, während Sie einer Höhle entgegenwanken und durch eine Öffnung sehen. Sie halten die Luft an, während Ihr analytischer, präfrontaler Kortex versucht, der Situation, die sich vor Ihnen abspielt, eine Logik zu geben.

Vor Ihnen sitzen Männer und Frauen um ein Feuer herum. Ihre Haare sind schwarz und lang, fallen bis zur Hüfte. Ungewohnte Laute schallen durch die Höhle. Man fasst sich an, flirtet, redet miteinander. Die Frauen sind über und über mit weißen Punkten betupft und die

Männer mit Ketten geschmückt. In ihren Händen halten sie Steine, die sie rhythmisch aufeinanderschlagen. Und plötzlich springt ein Mann auf, er ist fast so groß wie Sie. Er blitzt Ihnen mit seinen schwarzen Augen entgegen und für einen Moment zieht er die dichten Brauen gefährlich zusammen. Dann riecht er an Ihnen, streicht über Ihren Oberarm. Und plötzlich schlägt er sich gegen die Brust und ruft: »Tuffo Luno.«

Ihr erster Impuls ist fortzulaufen, aber Sie können nicht, der Oberschenkel schmerzt. Wohin sollen Sie auch flüchten? Also schließen Sie die Augen, stellen sich tot in der Hoffnung, es möge Ihnen nichts geschehen, und warten, bis der Adrenalinstoß vorüberzieht. Dann wagen Sie zu blinzeln, und zu Ihrem Erstaunen sieht der haarige Mann freundlich aus, reicht Ihnen seine Kette mit aufgereihten Schneckenhäusern. Die anderen klatschen in die Hände, kommen auf Sie zu, berühren Sie an Kinn und Stirn. Noch zucken Sie zurück, aber Angst empfinden Sie nicht mehr, trotz der Steinwaffen auf dem Boden, trotz der unverständlichen Wortfetzen, die an Ihnen vorbeirauschen. Stumm stehen Sie da und versuchen einzuordnen, was Sie sehen. Doch plötzlich ändert sich diese Szene. Schritte. Schreie. Ein Jugendlicher mit weit aufgerissenen Augen stürzt wild mit den Armen fuchtelnd an Ihnen vorbei. Die Männer und Frauen spannen ihre Muskeln an und flüchten hinaus ins Freie. Nie zuvor haben Sie Menschen schneller laufen gesehen. Sie bleiben vor der Höhle zurück. Alleine – mit einem Bär. Der fletscht seine Zähne, jeder einzelne ist groß wie ein Messer. Der Bär hebt seine Pranke, die ist schwer wie eine Axt. Zwar sind auch Ihre Augen weit aufgerissen, zwar spannt auch Ihr Muskelgürtel am Bauch und Ihr Herz trommelt, nur laufen können Sie nicht. Ihr Gehirn brüllt »Gefahr!«, aber Ihre Nerven setzen den Impuls nicht in Bewegung um. Sie zittern und japsen, schließen die Augen, als die Pranke auf Sie niedersaust, und wie ein letztes Stoßgebot sagen Sie: »Der Entscheider über mein Leben bin ich« – und dann wird es dunkel und kalt. Das Zeitloch öffnet sich erneut, saugt Sie hinein, und als Sie zu sich kommen, da fletscht Ihr Chef die Zähne. Die sind zwar nicht so groß wie Messer, aber die gelbliche Farbe erinnert Sie an den Bär, dem Sie gerade entkommen sind. Die Hände des Chefs schlagen im Takt seiner Worte auf den Tisch: »Ich brauche die Zahlen bis zur Bilanzpressekonferenz. Und die ist morgen!« Sie denken an Tuffo Luno und wollen flüchten, aber das würde Ihr Chef Ihnen übelnehmen.

## Das Erbe des Homo sapiens

Der frühe Homo sapiens war ein treuer, auf Partnerschaft ausgerichteter Mensch, der Kunst und Handwerk entwickelte sowie Schmuck und Mode schätzte. Sein Alltag ist kein Geheimnis mehr, sondern konnte weitgehend durch Gendaten aus Knochen oder durch Sedimente in Gesteinen entschlüsselt werden. Wir haben heute ein Bild vom Leben dieser biogenetischen Vorfahren und dürfen sogar annehmen: Ihr Gehirn war von Volumen und Gewicht unserem heutigen ähnlich. Aber Intelligenz wächst mit der Vielfalt, und wer weiß, wo wir heute wären, hätten diese Menschen nicht den Mut und die Neugierde verspürt, über Kontinente hinwegzuwandern, sich den Gefahren zu stellen, den Stress auszuhalten und ihm täglich in Todessituationen die Stirn zu bieten. Und hier liegt der Knackpunkt: Der Homo sapiens trainierte sein Stammhirn täglich. Das Entkommen aus einer todesbedrohlichen Situation wurde zu seiner Stärke. Er kannte die Kniffe für Flucht oder Täuschungsmanöver. Das hatte er quasi mit der Muttermilch eingesogen, das war das Muster in seinem Gehirn. So wagen wir zu sagen: Der frühe Homo sapiens war uns im Umgang mit Stress voraus. Diesen Aspekt lassen die Anthropologen außer Acht, wenn sie feststellen: »Der Mensch unterscheidet sich von seinen nächsten Verwandten unter den Primaten morphologisch gesehen hauptsächlich durch drei bereits fossil dokumentierte biologische Merkmale: ein stark vergrößertes Gehirn, den aufrechten Gang sowie einen umgestalteten Kauapparat.« (1)

Diese Merkmale differenzierten sich mit dem Aufbruch dieser Menschen aus Afrika weiter aus. Das wissen wir heute. Letztendlich formte sich in dieser Zeit auch die Sprache in ihrer Phonetik, Artikulation und Audition. Wir wissen jedoch nicht, wie ihre Gefühlswelt war, dürfen nur annehmen, dass in Phasen des Stresses Tuffo Luno und seine Kumpanen kaum eine Hilflosigkeit spürten. Sie gaben sich dem Wechsel aus Gefahr und Ruhe in einer natürlichen Weise hin. Der Rhythmus seines Arbeitstages bestand in den Eckdaten aus Vorsicht, Gefahr, Blitzentscheidung und Ruhe. Damit konnte sein Körper umgehen, das Adrenalin, das ihm den Schub gab, um dem Bär zu entkommen, durfte bei gelungener Flucht wieder aus dem Blut weichen. Diese Phasen von Spannung und Entspannung waren eingespielt und hielten den Homo sapiens bei Laune. Denn von der richtigen Reaktion unter Stress hing sein Leben ab und von der Ruhe danach die Kraft für die nächsten Attacken. Diese Gabe vererbte er weiter, gab sie Generationen mit auf den Weg. Kurzum: Das Stammhirn stand im Trainingsmittelpunkt. Heute ist das anders. Heute fehlt der Bär.

## Raffinierte Muster finden

Unsere Welt ist komplex geworden. Keine Zeitzonen, keine Ruhezonen, alles verschmilzt zu einer digital getriebenen Wirklichkeit mit 24/7-Einsatz. Wer schläft, verpasst Chancen. Was uns heute gefährdet, sind der Druck durch den Chef, die Ellenbogenmentalität der Kollegen, die Stapel unerledigter Aufgaben auf den Schreibtischen, die fehlende Balance zwischen Beruf und Privatem, der Drang nach stets aktuellen Informationen. Viele Menschen bagatellisieren ihre Situation, um dynamisch zu erscheinen und um keinen Karriereknick zu riskieren. Dafür sind sie bereit, die Selbstfürsorge zur Seite zu schieben mit den Worten: »Später kümmere ich mich um mein Wohlbefinden, jetzt ruft die Pflicht.« Die innere Stimme, die zur Erholung mahnt, die Hunger und Durst ankündigt, die wird leise gedreht, denn sie stört den Eifer. Der Bär, der seine Pranke hebt, um zu töten, ist längst zur Metapher mutiert. Sie steht für die tausend Ansprüche an jedem Tag. Und diese Details summieren sich zum großen Klumpen Stress in Ihnen. Leider verrät uns die jährlich steigende Erschöpfungswelle in den Führungsetagen deutscher Unternehmen, dass besonders Manager keine Werkzeuge haben, um diesen Klumpen zu schmelzen. Dabei würde das Gehirn des digital versierten, emotional trainierten und zukunftsdenkenden Men-

schen durchaus fähig sein, der Schwere eine Leichtigkeit zu geben und dem Leben mehr Ruhe.

Im Laufe der Evolution haben sich nämlich milliardenfach Verzweigungen im Gehirn gebildet. Diese sind als Dendriten mit den veränderten Lebens- und Leistungsbedingungen gewachsen, sie warten nur darauf, sich zu Synapsen zusammenzufügen. Denn das Gehirn verfügt über eine beeindruckende Plastizität. Es baut sich um, baut sich auf – und leider auch ab, wenn wir neue Muster nicht nutzen und sie in den täglichen Ablaufplan integrieren. Umgekehrt gilt: Wenn Sie Ihr Gehirn überfordern – durch die Aufnahme zu vieler Reize, durch ein andauerndes Agieren unter Druck – schrumpft das Gehirn. Wissenschaftler haben nachgewiesen, dass der Hippocampus, der älteste Teil des limbischen Systems, wunderbar dehnbar ist – wenn er zwischendurch ruhen darf. Ansonsten nimmt sein Volumen ab und ein Mangel an Merk- und Konzentrationsfähigkeit ist die Folge. Stress verändert das menschliche Gehirn – und damit die Persönlichkeit.

> Wer ständig dem Feuerbeschuss der Hormone ausgesetzt ist, der begibt sich geistig, körperlich und seelisch in Gefahr.

Der Neurobiologe Gerald Hüther schreibt dazu: »In Sekundenbruchteilen werden alle gespeicherten Informationen abgesucht, gleichzeitig wird über Nervenfortsätze, die in alle Regionen des Körpers ziehen, ebenfalls Alarm geschlagen. Jedes Organ versteht dieses Signal sofort. Die Nebennieren entleeren ihre Vorräte an Adrenalin, dem bekanntesten Stresshormon, in das vorbeifließende Blut. Das Herz beginnt wie wild zu schlagen, die Blutgefäße werden eng gestellt, die Muskulatur zum Sprung vorbereitet, Energiereserven der Leber mobilisiert, die Pupillen weit aufgemacht und – so man welche hat – richten sich sogar die Haare auf, wie bei einem Hund, dem sich bei Erregung das Fell sträubt.« (2)

In dieser Weise handeln Sie täglich. Sie flüchten vor vielen Bären, denen Sie eine immense Kraft über sich zusprechen. Sie schrauben sich zig Male am Tag spiralförmig nach oben und zwar so lange, bis Sie atemlos und orientierungslos sind. Bis zum Zusammenbruch. Deshalb wollen wir Ihnen ans Herz legen: Auch der Umgang mit Stress unterliegt den Gesetzen der Evolution.

- Früher gab es nur die Flucht. Heute ist diese in den seltensten Fällen das Mittel der Wahl.
- Früher gab es nach einem gelungenen Sprint den Applaus der Angehörigen. Heute hören Sie aus Ihrer Umgebung die Aufforderung, noch schneller und weiter zu laufen.
- Früher war das Zwischenhirn mit Synapsen engmaschig durchwebt, weil hier der Impuls zur Lebensrettung saß. Heute haben Sie raffinierte Reaktionsmuster, die auf Stress reagieren. Sie haben einen unfassbar größeren Überblick über Raum, Zeit und über die Zusammenhänge dieser Welt.

Und was machen Sie? Sie sehen hinter jedem Problem den Bären und just in diesem Moment verschieben sich die Perspektiven. Der Sinn für mannigfaltige Lösungen schwindet, wenn Sie ständig mit dem Schrecken leben. Die schönen Gaben des logischen Denkens, der sprachlichen Argumentation, der Analyse der Situation und der humorvollen Emotion sind nicht mehr möglich, weil Sie im Stress den Tunnelblick auf die Gefahr halten. Bei Wiederholung werden die raffinierten Lösungen gelöscht. Wie gesagt: Ihr Training macht das Gehirn. Dort bleibt nur bestehen, was Sie abrufen und nutzen. Alles andere wird als überflüssige Verknüpfung identifiziert. Und am Ende spüren Sie Stress in Reinform – getrieben von einer Überdosis Adrenalin. Wir vermuten, Tuffo Luno, dem Sie nach dem Fall durch das imaginäre Zeitloch in der Höhle nahe dem Fluss Awash begegneten, würde mit dem Kopf schütteln. Vielleicht würde er einen Laut ausstoßen, dazu die Steine zusammenschlagen, weil er sich wundert, wie moderne Menschen hetzen, ohne dass der Angriff eines wilden Tieres droht.

Dieser alte Kumpel ging klüger mit dem Adrenalinschub um. Er ließ ihn aufwallen, Schäume schlagen und wieder abflachen. Er atmete ihn aus und gewann seinen inneren Frieden in nur wenigen Minuten zurück. Er war fähig, sich zu regenerieren, indem er Glückshormone aktivierte. Sein neuronales Zusammenspiel war noch im Takt. Wir werden ihm im achten Kapitel noch einmal begegnen und uns genau ansehen, warum er Ihnen in Sachen Stress überlegen war, obwohl er nicht um die Wirkung der Sympathikus-Nebennierenmark-Achse wusste. Eine Stimulation dieser Achse nämlich führt zur Ausschüttung von Noradrenalin und Adrenalin. Stress!

Insgesamt sind drei Hirnregionen an dieser Stimulation beteiligt:

1. Neokortex: Hier werden die Gefahrenreize wahrgenommen.
2. Limbisches System: Hier werden die Gefahrenreize mit Emotionen verknüpft.
3. Hirnstamm: Hier wird im Locus coeruleus, dem blauen Kern, der Stress ausgelöst.

## Stressgetrieben durch den Alltag

Wenn Charles Darwin als vermutlich erster Forscher feststellte, dass jedes Lebewesen von Seiten der Umwelt ständig bedrängt und gefährdet würde und dass diesem Druck nur die Stärksten standhielten, dann war Darwin mit seiner Theorie dem auf der Spur, was wir heute Stress nennen.

Darwin sah voraus, welche Reaktion vom gesamten Organismus abverlangt wurde, und er tat das mit einer ihm eigenen Weitsicht. Viele Wissenschaftler stimmten ihm zu, fügten dem Phänomen Stress – das damals noch nicht diesen Namen hatte, wohl aber die Symptome – weitere Facetten hinzu. Zum Beispiel nannte der französische Arzt Claude Bernard den menschlichen Organismus »eine lebende Maschine«, die bei Versagen der Schutzfunktionen erkranken und im schlimmsten Falle sterben würde. (3) Den Begriff Stress nahm übrigens erstmals der US-Physiologe Walter B. Cannon in den Mund, indem er auf die »Notfallreaktionen« eines Organismus hinwies, die zu Flucht oder Kampf befähigten. Und seit den 1970er Jahren, seit der kanadische Arzt Hans Selye den Stress in Eustress und Disstress teilte, jonglieren Menschen mit diesen Begriffen und gebrauchen sie – Entschuldigung dafür – inflationär. Selye aber hatte anderes im Sinn. In seinem Standardwerk warnte er vor der unsäglichen Reaktionskette aus Alarm, Widerstand, Erschöpfung. Das ist heute so gültig wie damals. Sehen wir einmal genauer hin, was dieser Daueralarm zwischen Gehirn und Nebenniere auf den unterschiedlichen Ebenen bewirkt:

1. Stress verändert das muskuläre und vegetative System. Der Körper reagiert auf Stresssignale mit schnellerem Puls, höherem Blutdruck, flacherer Atmung und stärkerer Muskelspannung.
2. Die Emotionen befinden sich in einem Ausnahmezustand. Innere Unruhe und eine Überempfindlichkeit gegen äußere Reize sowie Unsicherheit und Launenhaftigkeit sind die Folge.
3. Auf der kognitiven Ebene verändert sich die Denkhaltung. Die Reflexionsfähigkeit wird vermindert und der Tunnelblick setzt ein. Der Blick für Lösungen trübt sich. Stattdessen entsteht ein Gefühl der Hilflosigkeit und es kommt zu kreisenden Gedanken. Man wirkt gehetzt, gereizt, überfordert.

Was können Sie also tun, um die körperlichen – also die muskulären und vegetativen – sowie die kognitiven Stressmuster zu verändern? Die Antwort liegt auf der Hand, allerdings benötigen Sie dazu eine gehörige Portion Selbstdisziplin. Indem Sie Situationen neu bewerten, können Sie Ihr Stressgefühl beeinflussen. Ob eine Situation Sie aufregt oder ob Sie gelassen reagieren, ist abhängig von Ihrer Perspektive. Für den Homo sapiens wäre es der Tod gewesen, für Sie ist es die Chance, den Stress aus Ihrem Alltag auf ein gesundes Maß zurückzuschrauben. Perspektivenwechsel lautet also das Zauberwort und es wird uns auf den nächsten Seiten, wenn wir Ihnen die einzelnen Module unserer Lotus-Strategie erläutern, noch oft begegnen. Sich zu sagen: »In diese Situation gebe ich keine Energie hinein«, bringt Sie augenblicklich in den Modus des Loslassens. Sie durchschneiden mit nur einem Gedanken den Stressbogen. Sie schenken sich für diesen Moment eine innere Ruhe. Sie zwingen diese Ruhe nicht herbei, sondern sie kommt und geht, wie der Lauf der Gezeiten.

Wir nennen diese Ruhe nach dem Stress »situative Entspannung«. In diesen Momenten des Loslassens und Treibenlassens verlangsamen sich Atem und Herzschlag wieder, entspannen sich die Muskeln. Klienten berichten sogar, dass sie in dieser Poststressphase besonders sensibel sind für Glück. Es ist befreiend, aus einer Stressspirale auszusteigen, weil es wie ein Sieg über die Hilflosigkeit anmutet. Mit dem Gefühl, sich nicht in einen Sog aus Ansprüchen und Aufgaben drängen zu lassen, rückt das eigene Ich wieder in den Vordergrund. Denn der schöne Satz, der für einen Homo sapiens nicht taugte, ist für Sie in der Komplexität unserer Zeit ein Anker: »Ich entscheide, was mir gut tut. Der Entscheider über mein Leben bin ich selbst.«

## Literatur


(1) Quelle: http://www.spektrum.de/magazin/hirngroesse-und-mensch liche-evolution/822523. Zugegriffen am 6.6.2017

(2) Hüther, Gerald: »Biologie der Angst. Wie aus Stress Gefühle werden.« 13. Auflage 2015. Vandenhoeck & Ruprecht, Göttingen

(3) Claude Bernard, (französischer Physiologe) »Introduction à l'étude de la médecine expérimentale«, 1865. J.-B. Baillière et fils, Paris

# KAPITEL 2
# WELCHER STRESSTYP SIND SIE?

Auf die Dauer der Zeit nimmt die Seele
die Farben der Gedanken an.

*Marc Aurel*

Nach neuen Erkenntnissen der Stressforschung gibt es nur eine Möglichkeit, der brachialen Kraft des Stresses zu entkommen: Indem Sie sich festhalten an Ihrem Potenzial, indem Sie Ihre Emotionen nicht zum Spielball einer auf Sie einwirkenden Umwelt machen, indem Sie sich in Gelassenheit üben und somit Situationen eine andere Bewertung geben. Diesen Gedanken der antrainierten Stresskompetenz wollen wir Ihnen in diesem Kapitel näherbringen und damit wagen wir eine kleine Exkursion in das Gehirn.

## Zwischen Sachlichkeit und Emotion

Das Faszinosum Gehirn ist kaum fassbar. Doch wir werden versuchen, die sachlichen und emotionalen Zusammenhänge in wenigen Zügen zu beschreiben, wohlwissend, dass dies in Gänze sowieso nicht möglich ist. Denn das Gehirn ist und bleibt ein Geheimnis. Trotz intensiver Forschung, trotz hochtechnischer Verfahren, die das menschliche Denken spiegeln, sind wir sicher: Bisher ist nicht mehr als ein Bruchteil der Leistungskraft dieses Wunderorgans erfasst und dokumentiert. Dieses fortzuführen, das ist die Herausforderung der Neurobiologen.

Wir als Stressforscher interessieren uns mehr für Ihre persönlichen Skripte, die Sie in Ihrem Bewusstsein und Unterbewusstsein schreiben. Dort nämlich sehen wir die individuelle Lösung gegen den schädlichen Stress.

Bereits in der pränatalen Phase haben Sie begonnen, Ihre Skripte zu verfassen. Als sich im Mutterleib die Nervenzellsysteme entwickelten und zu den einzelnen Gehirnregionen formten, da wurden Sie zum Autor für Ihr Lebensdrehbuch. Reize und Eindrücke, Lernen und Logik fügen sich seither in die Zeilen ein. Gefühle bereichern Ihre Story. An jedem einzelnen Tag schreiben Sie weiter wie an einem Roman ohne Ende – zumindest solange Ihr Gehirn Impulse sendet. Vielleicht, so die Meinung einiger Genetiker, finden sich Abschnitte Ihrer Skripte sogar in den nächsten Generationen wieder. Dann sind sie die Grundlage für Familiengeschichten. Aber erst einmal stellen die Skripte Ihren Eigensinn dar und somit beschreiben sie einen Teil

Ihrer Seele. Diese, das ahnen wir, ist eine zarte Materie, gewebt aus Ihren Emotionen. Wir können sagen: Die Seele ist das, was Sie leuchten lässt. Und sie verkümmert, wenn Sie unter dauerhaften Stress geraten.

So geht es uns als Stressforscher um eines: Gemeinsam mit Ihnen die sieben Module der Lotus-Strategie anzuwenden, um zu entschlüsseln, wie Sie in Ihrem Alltag typgerecht agieren können. Dann erst können Sie die Barrieren gegen den schädlichen Stress bewusst aufbauen, dann erst können Sie neue Denkpfade wachsen lassen oder vergessene Pfade wieder begehen. Um es auf den Punkt zu bringen: Stress entsteht und endet in Ihrem Gehirn, dort ist der Dreh- und Angelpunkt für Ihre Situation.

---

### Vier Bereiche des Gehirns

Das Gehirn stellt gemeinsam mit dem Rückenmark das Zentralnervensystem dar. Eng verknüpft mit dem Hormonsystem ist es wie eine Schaltstelle für jegliche Bewegung, Empfindung und Wahrnehmung. Grob gesagt besteht es aus vier Bereichen:

1. Das Großhirn ist zuständig für die Sinneseindrücke, Bewegungen, für das Denken und Erinnern. Aus der Reizflut, wie Lärm, Licht, Hitze und Bewegung, filtert es aus, was relevant ist, und stoppt, was stört.
2. Das Kleinhirn regelt das Gleichgewicht, koordiniert Bewegungen und ermöglicht den Spracherwerb.
3. Das Zwischenhirn ist verantwortlich für die vegetativen Funktionen wie das Regeln der Körpertemperatur oder das Melden von Hunger und Durst. Hier wohnen auch die Emotionen wie Freude, Angst, Trauer, Ekel, Überraschung etc.
4. Der Hirnstamm (mit Mittel- und Nachhirn) ist als ältester Bereich unter anderem für die Regelung des Blutkreislaufs, der Atmung und lebenswichtiger Reflexe verantwortlich.

---

## Als Aristoteles irrte

Bleiben wir also noch einige Zeilen lang bei dem Versuch der Wissenschaftler, das Gehirn zu dechiffrieren. Darum bemühten sich bereits große Geister der Antike. Aristoteles zum Beispiel war solch ein Denker und Schreiber, den die Frage nach der Funktion des Gehirns umtrieb. Es ist nicht vermessen zu sagen: Aristoteles war einer der ersten, der diesem Thema eine Bedeutung gab.

Ein neugieriger Bursche war er von Kindesbeinen an. Sein Vater, ein einflussreicher Arzt, förderte ihn vorbildlich: Aristoteles sollte naturwissenschaftlichen Studien nachgehen, über die Entstehung der Welt forschen. Er sollte erst als Schüler, dann als Lehrer 20 Jahre an Platons Schule in Athen tätig sein, seine Karriere krönte er dann als Hauslehrer Alexanders des Großen.

Seine Studien haben ihm zu Ruhm verholfen, manche seiner Lehrschriften wie die Poetik sind bis heute Grundlage für Dramendrehbücher. Auch die Erfindung der Rhetorik geht auf seine Lehre zurück. Nach heutigen Maßstäben wäre er ein Genie, damals war er nur ein Gelehrter. Aber Aristoteles wollte mehr als theoretische Forschung. Für einen wie ihn, der mit analytischer Stärke gesegnet war, galt die Devise: Keine Theorie hat Gültigkeit ohne den Beweis. Und weil er zeitlebens auf der Suche nach der Essenz des Seins war, nach der Seele im Menschen, ahnte er, dass das Gehirn für die Persönlichkeit eine gewisse Rolle spielen könnte. Nur welche? Auf diese Frage wollte er eine Antwort finden – und sezierte einen Elefanten.

Was er herausfand, lässt uns heute schmunzeln, aber damals war seine Aussage eine Sensation und lange Zeit hielt sie die Forschung in Atem. Aristoteles nämlich stellte fest, dass des Elefanten Herz warm und das Gehirn kalt war! Damit entstand seine Vermutung: »Das Gehirn ist nichts weiter als ein Kühlsystem für das Blut, das Herz hingegen der Sitz der wahrnehmenden Seele.« So lesen wir es in Überlieferungen – und wenn wir uns den Zeitgeist der Antike vor Augen führen, dann war Aristoteles ein Impulsgeber für weitere Erkenntnisse, für das Ankurbeln der Diskussion über eine lange Zeit hinweg. Immerhin erkannte er, dass Herz und Gehirn voneinander abhängig sind, dass die Erhitzung des einen Organs einen Einfluss auf das Wohlgefühl des anderen hatte. Vielleicht war diese Einsicht zum feinabgestimmten Ineinandergreifen der körperlichen und geistigen Systeme sogar ein erster Hinweis darauf, dass Stress diesen Einklang störte.

Wir könnten diese spannende Reihe um viele Persönlichkeiten der Weltgeschichte erweitern. So sollen in der Renaissance auch Leonardo da Vinci und Michelangelo den menschlichen Körper erforscht haben und zu Beginn des 17. Jahrhunderts widmete sich Descartes den Nervenbahnen im Gehirn, um seine Philosophie zu begründen: »Ich denke, also bin ich.« Aber wir glauben, dass bereits hier deutlich wird, was wir meinen: Das Gehirn ist – im Gegensatz zu allen anderen menschlichen Organen – in seiner Funktionalität weder von Naturwissenschaftlern noch von Philosophen zu erfassen.

Lassen wir doch mal die Zahlen sprechen: »Die Gesamtlänge aller Nervenbahnen unseres Gehirns beträgt 5,8 Millionen Kilometer. Das entspricht 145 Erdumrundungen. Nur 2 Prozent unseres Körpergewichts entfallen auf das Gehirn. 20 Prozent beträgt sein Anteil an unserem Sauerstoffverbrauch. Durchschnittsgewicht des männlichen Gehirns: 1375 Gramm, Durchschnittsgewicht des weiblichen Gehirns: 1245 Gramm, Gewicht von Albert Einsteins Gehirn: 1230 Gramm.

Unser Gehirn ist ein Supercomputer mit einer unvorstellbaren Speicherkapazität: Anzahl der Elementarteilchen im Universum: 10 hoch 79 – Anzahl der Wahrnehmungs- und Bedeutungsinhalte, die das menschliche Gehirn speichern kann: 10 hoch 150.« (1)

Und das bedeutet: Wir sind heute in der Lage, uns vorzustellen, was passiert, wenn die Nervenzellen im Kopf vor Stress vibrieren. Auch wissen wir, welche Auswirkungen die dann entstehenden Signale auf die zukünftige mentale Architektur der »grauen Zellen« haben. Es kann also nur darum gehen, in Stresszeiten die kortikalen und limbischen Erregungsmuster zu stabilisieren und innerhalb einer kontrollierbaren Belastungsgrenze zu halten. Denn unsere Erfahrung zeigt, dass sich Stress durchaus steuern lässt, wenn Sie die Werkzeuge dazu kennen. Sie sind – und das wollen wir mit unserem Buch sehr deutlich machen – nicht ein Opfer von Stress, im Gegenteil: Sie entscheiden, wie viel Sie zulassen! Sie sind fähig, Ihre Stresshormone zu kontrollieren! Sie haben die Ressourcen dazu.

Stemmen Sie sich gegen Hormonkaskaden aus Adrenalin, Noradrenalin und Cortisol, indem Sie Ihre Umwelt neu interpretieren und Ihre Bewertung der Dinge verändern.

## Stress mit Folgen

Übermäßiger Stress zerstört die kognitiven, emotionalen und körperlichen Fähigkeiten. Und das funktioniert nach einem immer gleichen Programm: Zuerst nerven die Stressoren. Dann folgt eine Störung der inneren und äußeren Harmonie. Wir unterscheiden fünf Kategorien von Stressoren:

1. äußere Stressoren wie Hitze, Kälte, Lärm, Stau, Wartezeiten etc.,
2. bedürfnisgetriebene Stressoren wie Durst, Hunger, Schlafmangel, Krankheit oder Schmerz,
3. soziale Stressoren wie Konflikte, Mobbing oder Einsamkeit,
4. leistungsbedingte Stressoren wie Zeitdruck, Überforderung, Unterforderung oder Wirken im Schwächebereich,
5. psychische Stressoren wie der eigene Anspruch, der treibende Perfektionismus, der Hang zum Katastrophendenken.

Entscheidend für eine Überlastung ist die Stressdosis, die bestimmt wird durch Häufigkeit, Vielfalt, Dauer und Intensität.

Wenn Sie diese Umstände wahrnehmen und als gefährlich bewerten, dann schaltet das Gehirn auf ein feinjustiertes Antistressprogramm. Es versucht abzufangen, was Ihnen nicht gut tut. Es will Sie schützen, damit Sie Ihre seelische Mitte nicht verlieren. Dazu werden alle Register gezogen. Diese lauten: Produktion von Adrenalin, Noradrenalin und Cortisol. In dieser Reihenfolge beginnt der Kampf gegen die Stressoren, wobei Dauer und Grad des Kampfes von der Persönlichkeit eines Menschen abhängen. Während der eine mit der Schulter zuckt, wenn ein Mitarbeiter nicht pünktlich zum Meeting erscheint, regt sich ein anderer darüber auf, weil er ein solches Verhalten respektlos findet. Während der eine zurückbrüllt, wenn ein cholerischer Chef wegen einer

Kleinigkeit ausrastet, empfindet ein anderer das als höchste Gefahr – und flüchtet.

In welcher Weise sich Stress nach oben schraubt, folgt einem allgemein gültigen Programm:

- Die Nebenniere schüttet Adrenalin aus. Damit wird der Herz- und Atemrhythmus erhöht, die Muskulatur angeregt, Kraft freigesetzt für einen eventuellen Angriff oder für die Flucht.
- Gleichzeitig produziert die Nebenniere das Hormon Noradrenalin. Es sorgt für die Klarheit der Gedanken. Das Gehirn scannt die Situation auf Erfahrungswerte ab, verknüpft die erhöhte körperliche Tätigkeit mit Emotionen und hebt den Aufmerksamkeitspegel an.
- Bei weiter anhaltender Belastung kommt es zur Stufe drei, zur Cortisolproduktion. Ohne diesen Stoff wären Sie kaum lebensfähig – allerdings begeben Sie sich mit einer Überdosis auch in Lebensgefahr. Ihr Körper überanstrengt sich, um sich den schrägen Umweltbedingungen anzupassen und um Sie wieder zu beruhigen. Er schießt mit Insulin um sich, denn Stress braucht Zucker. Er setzt Bauchfett an, um für gefährliche Zeiten vorzusorgen, er verändert die Magen-Darm-Tätigkeit und lässt Ihre Nervenzellen im Gehirn verzweifelt nach einer bekannten Lösung suchen. Nur raus aus dem Stress, koste es, was es wolle. Derart panisch, strengen Sie sich mehr an, um eine Lösung zu finden, und die Hormone steigen im Takt dazu.

Im Ergebnis können wir feststellen: Die neuronale Mixtur im Kopf verändert sich. Die Folge sind Konzentrationsschwierigkeiten, Wahrnehmungsverengung, Tunnelblick auf Probleme, Unsicherheit. Der stressgeplagte Mensch wird gereizt, gehetzt, unfreundlich und überempfindlich. Körperlich schmerzen oft Magen, Darm, Herz und Kopf oder es verspannen die Muskeln. Organe überanstrengen sich oder schalten ihre Funktion auf ein niedriges Niveau herunter. Man schwitzt vermehrt, ist erschöpft und die Lustlosigkeit bezieht sich selbst auf Aufgaben, die einem zuvor gerne und leicht von Hand gingen. Die eine Malaise bedingt eine andere und irgendwann dreht sich ein Gedankenkarussell. Es besteht aus dem Kreisen um Versagensängste und um Probleme. Aber noch denkt der Betroffene, er sei kräftig genug, um seine

Probleme zu lösen. Denn er will Leistung, also erhöht er noch einmal das Tempo, versucht noch einmal, seine innere Grenze zu verschieben. An dieser Stelle beginnt die Nachlässigkeit.

Im Coaching begleiten wir Menschen, die kein Gefühl mehr für die Regulationen ihrer vegetativen Bedürfnisse zeigen. Hunger und Durst spüren sie nicht mehr. Wenn sie essen, dann nur zwischen den Terminen und meist eine Süßigkeit. Im Stress nämlich unterzuckert der Körper schnell und er versucht das Defizit mit einer Erhöhung des Insulins auszugleichen. In der Summe dieser Reaktionen können wir sagen: Stress macht häufig dick. Mehr noch: Mit dem Tunnelblick im Alltag und der Ankurbelung des vermeintlichen Leistungstempos schieben Stressbetroffene jegliche Vernunft zur Seite. Sie schreiben, telefonieren, diktieren zum Beispiel während der Autofahrt – und gefährden sich und andere. Leider können wir sagen, dass Unfälle oft ein Zeichen von Überforderung sind, weil in allen vier Gehirnbereichen der Ausnahmezustand herrscht. Und drehen wir diese Spirale weiter, dann wird der Ausnahmezustand zur Regel, dann verändert der Stress nicht nur den neuronalen Mix, sondern auch das Gehirn selbst.

Experten nennen diesen Umbau Plastizität. Das bedeutet: Was Sie heute aufregt, können Sie durch Training in eine Gelassenheit verwandeln, was Sie heute freut, wird bei ständiger Wiederholung zu einer Normalität. Sie können Sichtweisen, Einstellungen, Denkprozesse Ihrem Umfeld anpassen. Sie können durch ständiges Lernen und Erfahren Synapsen entstehen lassen und sich dadurch weiterentwickeln zu einem reifen Menschen, der sein Potenzial kennt und hebt. Umgekehrt können Sie Fähigkeiten, die Sie sich antrainiert haben, wieder verlernen, wenn Sie diese nicht nutzen. Diese Einsichten haben wir in die Lotus-Strategie einfließen lassen.

Stellen Sie sich vor, ein junger Nachwuchsmanager mit analytischem und introvertiertem Profil soll seine Strategie vor dem Vorstand präsentieren. Er erlebt diese Herausforderung als Angstszenario. Bereits als Student litt er unter Prüfungsängsten, wusste um die Gefahr, trotz perfekter Vorbereitung einen Blackout zu erleiden. Schon Nächte vorher dreht sich sein Gedankenkarussell: »Ich werde auch dieses Mal wieder versagen. Meine Karriere wird beendet sein. Wer will schon einen

Manager fördern, der Angst vor Zuhörern hat?« Die Folge, Sie ahnen es, ist Stress in Reinform und zudem die Stärkung seines neuronalen, seit Jahren trainierten Musters: »Ich werde versagen.«

Sollte es diesem jungen Mann gelingen, seine Bewertung zu ändern und damit eine andere Perspektive einzunehmen, wird dieses Muster der Angst unterbrochen. Es wird quasi ein Raum geschaffen für Neues, für Förderliches. Dann sagt er sich: »Sollte ich einen Fehler machen, dann werde ich ihn weglächeln. Denn ich weiß, dass ich gut vorbereitet bin und mein Bestes geben werde. Mehr kann ich nicht tun.« Bereits dieser selbst gesprochene Mut-Satz verändert das Gehirn! Jede Winzigkeit, die Sie denken, hat eine Auswirkung auf Ihr Fühlen. Und wenn dieser Nachwuchsmanager trotz Schweiß auf der Stirn und trotz flattriger Stimme die 45 Minuten seiner Präsentation ohne Blackout meistert und am Ende sogar ein Lob des Chefs erhält, dann ebnet der Nachwuchsmanager sich in diesem Augenblick den Weg der Veränderung. Die Struktur in seinem Gehirn modifiziert sich um ein weiteres, ein messbares Maß. Und mit jeder weiteren Übung verstärkt sich diese neue Verschaltung. Das Gehirn baut sich um.

## Der Preis der Kaskaden

Treiber dieser Veränderung sind viele Milliarden Nervenzellen. Die wollen nicht losgelöst voneinander im Kopf herumschwirren, nein, die wollen sich kontakten, um Netzwerke zu bilden. Da ist zum Beispiel auf der einen Seite ein Neuron und das strebt in einer Lernsituation zu einem anderen hin. Also gerät dieses Neuron in eine elektrische Erregung, sobald unser Nachwuchsmanager vor die Zuschauer tritt, um seine Präsentation zu starten. Dieses erregte Neuron schüttet Botenstoffe in einen nanokleinen Spalt, an dessen Ende ein anderes Neuron sitzt. Je mehr Adrenalin, Dopamin, Serotonin und weitere Hormone in den Spalt gelangen, desto mehr erregt sich das Neuron auf der anderen Seite, und vielleicht ist die Schwingung derartig stark, dass sie wiederum eine nächste Nervenzelle anspricht. Angenommen, der junge Manager würde während der Präsentation und bei darauffolgenden Präsentationen starke Emotionen wie Stolz und Freude empfinden, dann würde es zu wahren Emotionskaskaden kommen, die von einer Zelle zur anderen Zelle durch die kleinen Spalten hindurch fortgesetzt würden. Erste zarte Synapsen der Freude und des Selbstbewusstseins entstehen. Das Gehirn verändert sich, es fügt der Präsentationssituation ein Muster hinzu. Und sollte der junge Mann diese Situation in gleicher Stimmung wiederholen, dann stärkt sich die zarte Synapse zu einem breiten, tragfähigen Band, während sich das alte Muster aus Angst und Selbstzweifel auflöst. Durch diesen Umbau schützt sich das Gehirn vor überbordenden Netzwerken, in denen Sie keine Orientierung mehr hätten – und Sie selbst schreiben Ihre inneren Skripte um. Sie radieren den Stress Schritt für Schritt einfach aus.

## Wenn die Stressfarben dunkel werden

Bevor wir mit unseren Kunden die Lotus-Strategie erarbeiten, bestimmen wir die Höhe des Stresspegels. Dazu haben wir ein Rad entwickelt, das den Stress in acht Stufen unterteilt.

Auch Sie bitten wir um eine Selbsteinschätzung Ihrer augenblicklichen Stresssituation. Schonungslose Ehrlichkeit ist wichtig und der Wille, rechtzeitig vor den nächsten Stufen die Notbremse zu ziehen, ist unentbehrlich. Und sollten Sie sich ängstigen, den Job zu verlieren, die Beziehung zu Ihrem Partner aufs Spiel zu setzen oder Ihre Karriereentwicklung zu unterbrechen, so sind diese Einwände im Stress normal. Halten Sie das Rad trotzdem an. Mit jeder Stufe verdichtet sich die Intensität der Angst und der Anstrengung. Mit jeder Stufe nähern Sie sich der inneren Leere und Erschöpfung.

### *Wie die Stufen des Rades ineinandergreifen*

Meist beginnt sich das Stressrad mit einer diffusen Angst zu drehen. Man wird seinen Aufgaben nicht mehr gerecht und befürchtet Konsequenzen. Also erhöht man die Leistung. Mehr Energie. Mehr Einsatz. Mehr Leistungssteigerung. Damit setzt der Tunnelblick ein. Eigene Bedürfnisse sind nicht mehr wichtig, nur das Problem zählt.

Das gilt es zu lösen. Auch Konflikte mit anderen werden zur Seite geschoben, überhaupt stören Familie und Freunde. Was bislang wichtig war – gemütliches Zusammensitzen am Abend, der Sport als Ausgleich, das Spiel mit den Kindern –, verliert an Wert. An diesem Punkt verlässt der Betroffene seinen Stärkenbereich, er verbiegt sich um des Erfolges willen, der doch immer weiter in die Ferne rückt. Auf seine Reaktion angesprochen, wird er unwirsch antworten, alles sei in Ordnung. Seine Wahrnehmung hat sich verschoben, raus aus der Realität, rein in eine eigene Welt, in die andere keinen Zugang haben. Wochen und Monate vergehen, das Stressrad dreht sich weiter. Längst hat der Stressbetroffene das Wissen um seine Stärken verloren, er findet nichts mehr in sich, an dem er sich festhalten kann. Innere Leere und Traurigkeit machen sich breit. Der Betroffene wird sich selbst zunehmend fremd, kann sich kaum noch vorstellen, dass er früher mal lachte und Pläne schmiedete, zu einem Zeitpunkt, als Visionen ihn leiteten.

Die Depression ist ein tückischer Zustand, der sich nun auch auf die Beweglichkeit des Körpers ausbreitet. Keine Impulse mehr für eine Veränderung, nur noch die Decke über den Kopf ziehen und die sich dehnende Zeit irgendwie überstehen. Aus dieser Traurigkeit wird Erschöpfung und aus Erschöpfung der vollständige mentale und körperliche Zusammenbruch. Burnout.

**Welche Phase hat Ihr Stress?**

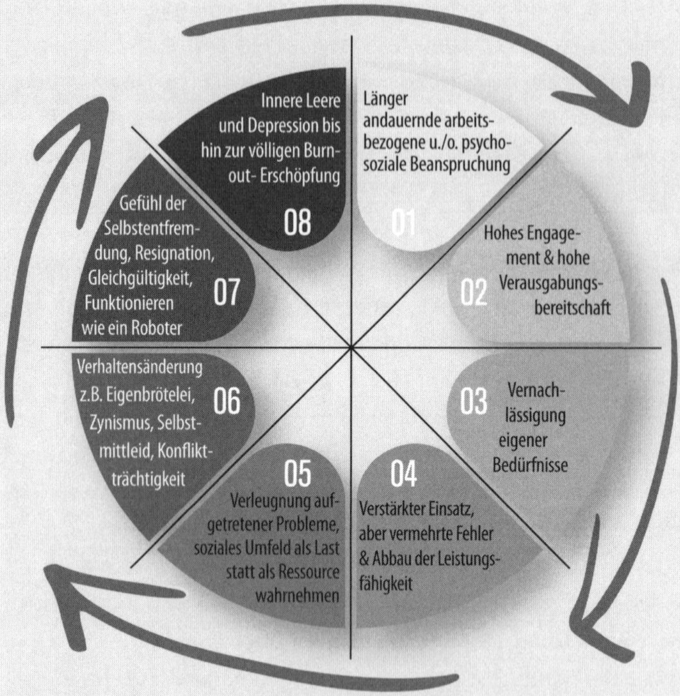


© Dr. Eva Brandt und Miriam Fritsch-Kümpel

Um die Entstehung eines Burnouts nachvollziehbar zu machen, möchten wir Ihnen die Phasen des Stressrads etwas genauer erläutern:

**Phase 1:** Die Entstehung jeglicher stressbezogener Symptomatik hat einen zentralen Ausgangspunkt: eine erhöhte oder gar massive Stressbelastung. Diese Belastung kann im beruflichen oder im privaten Kontext vorherrschen oder – und das ist sehr häufig – beide Lebensbereiche betreffen. In jedem Fall fühlt sich der Betroffene überfordert und nicht imstande, die Belastung dauerhaft erfolgreich und konstruktiv zu bewältigen.

**Phase 2:** Menschen haben unterschiedliche Strategien, Stress zu bewältigen. Ehrgeizige und leistungsbereite Menschen – und dazu zählt eine Vielzahl unserer Kunden – haben die Tendenz, über ihre Kräfte hinaus zu arbeiten. Sie verfügen über eine erhöhte Verausgabungsbereitschaft und teilweise exzessives Engagement. Tägliche Überstunden, Arbeiten am Feierabend und am Wochenende sind nicht die Ausnahme, sondern die Regel.

**Phase 3:** Hoher Termin- und Leistungsdruck und die Fokussierung auf die zu erledigenden Aufgaben und anstehenden beruflichen Termine führen unweigerlich zu einer Vernachlässigung von Hobbys und Freizeit, von Familie und Freunden. Das Verlangen nach sozialen Kontakten, nach Ausgleich, Entspannung und Ruhe tritt in den Hintergrund.

Die ersten drei Phasen kennen viele Fach-und Führungskräfte. Sie führen nicht zwangsläufig in den Burnout. Wenn Sie in der Lage sind wahrzunehmen, dass Sie aus dem Lot sind, dass Sie nur noch Energie lassen und nirgends mehr Energie tanken, dann können Sie bewusst gegenwirken. Voraussetzung dafür ist die Wahrnehmung der Dysbalance und die Bereitschaft, entsprechend gegenzusteuern. Dies kann Ihnen gelingen, in dem Sie trotz überfülltem Schreibtisch den Arbeitsplatz verlassen und zum Sport gehen oder indem Sie öfters Nein sagen und vielleicht Aufgaben delegieren, die Sie normalerweise selbst erledigt hätten. Oder indem Sie bewusst am Wochenende das Mobiltelefon im Offline-Modus lassen und einen Ausflug mit Ihrer Familie unternehmen, anstatt sich mehrere Stunden ins Homeoffice einzuschließen. Damit verhindern Sie das unkontrollierte Weiterdrehen des Stressrads.

**Phase 4:** In dieser Phase nimmt der Betroffene zwar stressbezogene Warnsignale wahr, aber diese werden ausgeblendet, verleugnet oder bagatellisiert. Es erfolgt also keine Zuwendung zur eigenen Person und zum eigenen Körper, sondern, im Gegenteil, der Raubbau verstärkt sich. Da der Körper »schwächelt,« wird nun noch mehr Energie aufgebracht, den eigenen Ansprüchen zu genügen. Die körperliche und geistige Leistungsfähigkeit baut sich ab, Fehler häufen sich.

**Phase 5:** Die Probleme spitzen sich zu. Die Leistungsfähigkeit sinkt immer mehr. Der Betroffene leidet nicht nur unter seinen Ängsten, sondern auch unter ernstzunehmenden gesundheitlichen Problemen wie Schlaflosigkeit, Energieverlust und Kopfschmerzen. Auch diese Probleme werden verleugnet. Der Stress wirkt sich außerdem zunehmend auf die persönliche Ebene aus: das soziale Umfeld nervt und wird als Last empfunden, innerfamiliäre Probleme treten auf.

**Phase 6:** Diese Phase ist vor allem durch den Rückzug des betroffenen Menschen gekennzeichnet. Engagement und Motivation haben sich verabschiedet. Negative Gefühle dominieren das Leben und für Familie, Partner oder Freunde wird eine deutliche Verhaltensänderung sichtbar: Hoffnungslosigkeit, Selbstmitleid, Zynismus, Eigenbrötelei und Konfliktträchtigkeit sind dabei sehr häufig anzutreffen.

**Phase 7:** In dieser Phase entsteht ein Gefühl der Selbstentfremdung. Den Betroffenen erlebt man im Kontakt mutlos und gleichgültig. Er hat resigniert und das Gefühl, sich selbst fremd zu sein und nur noch wie ein Roboter zu funktionieren. Führen wir in dieser Phase einen Persönlichkeitstest durch, erhalten wir häufig die Rückfrage: »Soll ich die Fragen aus meinem heutigen Ich oder aus meinem früheren Ich beantworten?«

**Phase 8:** Depression und innere Leere kennzeichnen die Psyche des Menschen. Er ist angekommen im völligen Burnout, in der totalen mentalen und körperlichen Erschöpfung. Ein stationärer Klinikaufenthalt ist meist unausweichlich.

Unsere Erfahrung zeigt, dass sich das Stressrad durchschnittlich zwei Jahre lang dreht, bis ein Mensch in der völligen Erschöpfung landet. Dabei kann die Länge der einzelnen Phasen sehr unterschiedlich sein. Hier gibt es keine Faustregel. Die Regeneration der Klienten, in der Regel professionell psychologisch und medizinisch begleitet, dauert bisweilen ebenso lang, kann aber auch, je nach Ausgangslage und Ressourcenkonstellation, auch wesentlich kürzer dauern.

Wir haben festgestellt, dass gerade in den ersten Stressphasen die Reaktionen je nach Persönlichkeit sehr unterschiedlich sind.

Angelehnt an ein Modell aus der Gehirnforschung von Professor Paul MacLean können wir zur Differenzierung von drei Grundzügen der Persönlichkeit sprechen, die wir alle in uns tragen, jedoch in unterschiedlicher Ausprägung.

**Der Gesellige:** Der Gesellige greift vorwiegend auf die Funktionen des Stammhirns zu, auch Reptiliengehirn genannt. Dort ist seit jeher die Intuition zu Hause. Dort ticken die Uhren langsamer, denn die Zeitwelt eines Geselligen spielt in der Vergangenheit. Er liebt das Gewohnte. Aufgaben werden erst einmal gescannt und in Ruhe bewertet. Ein geselliger Persönlichkeitstyp will Muße und Wohlgefühl und immer Vertrauen. Das schnelle Entscheiden ist nicht sein Ding.

**Der Macher:** Ganz anders dagegen handelt der Macher. Er greift auf die Funktionen des Zwischenhirns zu, in dem schnelle Entscheidungen getroffen werden. Er ist spontan, hat seine Antennen auf Empfang geschaltet, versteht es, andere zu inspirieren. Was er braucht, ist Anerkennung und schnelle Ergebnisse. Seine Zeit verläuft in rasantem Takt – gesagt, getan und abgehakt. Wo bitte geht es zur nächsten Herausforderung? Im Hier und Jetzt spielt die Musik. Aufschieben und Detailrecherche mag er nicht, denn das Motto lautet: Packen wir es an, sofort!

**Der Analytiker:** Der Analytiker hingegen greift auf die Funktionen des Großhirns zu. Für ihn stehen Wissen, Logik und Fakten im Vordergrund – und das spiegelt auch seine Haltung im Hinblick auf Zeit wider. Er will denken, aber bitte möglichst ohne Druck. Er will Szenarien der Zukunft entwerfen. Ein Analytiker kennt keine Furcht vor dem, was kommt, denn seine Stärke ist der Weitblick und hier beugt er Eventualitäten vor. Stets gilt: Nur keine Eile, es könnten sich Fehler zwischen den Zeilen einschleichen.

Wir alle können selbstverständlich jederzeit auf alle Funktionen dieser Gehirnbereiche zugreifen und sind somit in allen drei Bereichen zu Hause. Allerdings bevorzugen wir dennoch einen Bereich, in dem wir uns, wenn wir ihn ausleben, am wohlsten fühlen. Sind wir ein »Macher«, fühlen wir uns wohler, wenn alles etwas schneller geht, wenn wir mehrere Projekte parallel bearbeiten dürfen, wenn wir immer wieder Herausforderungen erfahren. Gleichmäßigkeit und Vertrautes erscheinen schnell langweilig und ermüdend. Wenn wir hingegen Analytiker sind, bevorzugen wir den planvollen Vorgang. Wir verschaffen uns sehr gerne eine Übersicht und sind erst richtig zufrieden, wenn wir Informationen über den gesamten Kontext erhalten haben. Hingegen nimmt der Gesellige sein Arbeitsfeld als angenehm wahr, wenn er in einem Team arbeiten darf, wenn er in Ruhe und weder unter Zeitdruck noch unter emotionalem Druck seine Projekte durchführen kann. Die Erfahrung innerhalb seiner Tätigkeit entspannt ihn.

Jede Persönlichkeit zeigt auf ihre eigene Weise, wenn sie unter Stress steht. Sie merken dies an folgendem Verhalten:

- Ein geselliger Mensch mit kooperativen und ausgleichenden Merkmalen sucht nach engem Kontakt zu Vertrauten und will ständig über seine Probleme reden.
- Ein Mensch mit Macherprofil verwandelt sein temperamentvolles Verhalten in ein gereiztes und aggressives Auftreten. Er zeigt sich unfair und ungehalten gegenüber anderen.
- Ein analytischer, introvertierter Mensch – ansonsten ausgeglichen und erklärungsbereit – zieht sich zurück und verliert sich in Details seiner Aufgaben.

Dieses Verhalten ändert sich in späteren Stressphasen. Dann schiebt sich nach unserer Beobachtung eine bislang unbekannte Eigenschaft nach vorne:

- Ein Geselliger wird vorwurfsvoll und manchmal sogar aggressiv.
- Ein Macher wird still und distanziert.
- Ein Analytiker wird bisweilen redselig und anhänglich.

## Der Stresstypentest

Wir wissen aus neurobiologischen und verhaltenspsychologischen Studien, dass kein Stresstyp wie der andere ist. Im Umkehrschluss bedeutet das: Keine Stressmethode ist allgemeingültig. Sie kann nur wirken, wenn sie auf Ihre Persönlichkeit abgestimmt ist, wenn sie Ihre inneren Skripte, Ihr Temperament berücksichtigt. Deshalb steht für uns der folgende Stresstest im Mittelpunkt – denn wir wollen Ihr persönliches Stressprofil erarbeiten.

Nehmen Sie sich Zeit für diesen Test. Es geht nicht darum, dem ersten Impuls zu folgen, sondern Ihre Stresssituationen zu reflektieren.

Kreuzen Sie in Teil 1 an, was Ihrem Stressverhalten am ehesten entspricht. Die Auswertung dazu finden Sie am Ende der Tabelle.

In Teil 2 des Testes finden Sie Ihr Ergebnis in tabellarischer Form, um Ihren Stresstyp auf einen Blick zu erkennen. Schauen Sie sich die Typenbeschreibungen an und die Situationen, welche Sie aufgrund Ihres Stresstyps besonders belasten. Wie reagieren Sie in diesen Situationen? Welche Probleme ergeben sich für Sie? Wer seine Stressmuster kennt, kann aktiv gegensteuern.

### Der Stresstypentest – der Fragebogen

Bitte tragen Sie hinter der Aussage die entsprechende Zahl ein: von 0 (trifft überhaupt nicht zu) über 1, 2, und 3 bis 4 (trifft völlig zu). In die rechte Spalte bitte die entsprechende Zahl eintragen.

0 = trifft überhaupt nicht zu
1 = trifft selten zu
2 = trifft manchmal zu
3 = trifft häufig zu
4 = trifft völlig zu

| | | |
|---|---|---|
| 1 | »Ich brauche niemanden, um meine Probleme zu lösen.« | |
| 2 | »Ich muss immer alles unter Kontrolle behalten.« | |
| 3 | »Wenn man sich auf andere verlässt, ist man häufig verlassen.« | |
| 4 | »Ich habe Angst vor Nichtbeachtung.« | |
| 5 | »Für Fairness setze ich mich besonders stark ein.« | |

| | | |
|---|---|---|
| 6 | »Neue Menschen schaue ich mir erst einmal genauer an, bevor ich mich ihnen öffne.« | |
| 7 | »Wenn ich ad hoc entscheiden muss, sage ich lieber nein.« | |
| 8 | »Gerne lasse ich mich auf lange Diskussionen ein, um meinen Standpunkt zu verdeutlichen.« | |
| 9 | »Vor dem Erfolg steht der Fleiß.« | |
| 10 | »Wenn andere Personen sich nicht regelkonform verhalten, habe ich das Bedürfnis, sie darauf aufmerksam zu machen.« | |
| 11 | »Ich muss herausstechen mit meiner Leistung.« | |
| 12 | »Ich bin ständig in Bewegung und beschäftigt.« | |
| 13 | »Ich erwarte von mir, alles immer perfekt zu machen.« | |
| 14 | »Wenn ich anderen damit Gutes tun kann, verzichte ich lieber.« | |
| 15 | »Es beruhigt mich, wenn ich genau weiß, was auf mich zukommt und ich jede Situation im Griff habe.« | |
| 16 | »Überraschungen mag ich eher nicht. Lieber mag ich es, wenn man mich rechtzeitig informiert, dass ich mich darauf einstellen kann.« | |
| 17 | »Wenn du nicht wachsam bleibst, nehmen dir die anderen alles weg.« | |
| 18 | »Ich muss alles im Griff haben.« | |
| 19 | »Ich lasse mir von anderen nicht diktieren, wie ich zu denken habe.« | |
| 20 | »Spontane Änderungen von Kollegen oder vom Chef sind für mich unprofessionell.« | |
| 21 | »Wenn ich eine Arbeit beende, bin ich oft unzufrieden mit mir, denn es gibt immer etwas zu verbessern.« | |
| 22 | »Wenn ich abends im Bett liege, befasse ich mich geistig immer noch mit Fragen der Koordination und Organisation, damit ich noch effektiver werde.« | |
| 23 | »Ich muss besser sein als die anderen.« | |
| 24 | »Wenn mir unerwarteter Weise etwas angeboten wird, ist meistens etwas faul an der Sache.« | |
| 25 | »Es fällt mir schwer, anderen Menschen Vertrauen zu schenken.« | |

| | | |
|---|---|---|
| 26 | »Es raubt mir die Luft, wenn ich von anderen total abhängig bin.« | |
| 27 | »Pausen mache ich nur mit einem schlechten Gewissen.« | |
| 28 | »Wenn ich eine Arbeit mache, dann immer exakt und ohne Fehler.« | |
| 29 | »Ich höre erst auf, wenn es für mich auch perfekt ist.« | |
| 30 | »Mir fällt es oft schwer, die Dinge einfach laufen zu lassen.« | |
| 31 | »Ich bekomme lieber negative als gar keine Aufmerksamkeit.« | |
| 32 | »Kritik macht mich unglücklich.« | |
| 33 | »Ich möchte gemocht werden und bin gerne für andere da.« | |
| 34 | »Ich habe den Drang, Menschen zu unterbrechen, die nicht auf den Punkt kommen.« | |
| 35 | »Gewöhnlichkeit macht mich krank.« | |
| 36 | »Viele Menschen machen sich ihren Stress doch selbst.« | |
| 37 | »Wenn ich den Haken an einer Sache gefunden habe, beruhigt mich das.« | |
| 38 | »Ich kann nicht nein sagen.« | |
| 39 | »Starke Veränderungen versuche ich zu vermeiden.« | |
| 40 | »Bloß nicht auffallen.« | |
| 41 | »Lieber außergewöhnlich als durchschnittlich.« | |
| 42 | »Wie es in mir drinnen aussieht, geht keinen etwas an.« | |
| 43 | »Ich bleibe aufmerksam, damit mich keiner übervorteilt.« | |
| 44 | »Ich denke ständig daran, was alles passieren könnte.« | |
| 45 | »Die Erfahrung lehrt mich: Mein Weg ist meistens der bessere!« | |
| 46 | »Ich möchte etwas Besonderes sein.« | |
| 47 | »Es ärgert mich, wenn ich nach sehr engen Vorgaben arbeiten muss.« | |
| 48 | »Oft hat sich mein Misstrauen schon ausgezahlt.« | |
| 49 | »Ich hasse es, Herausforderungen annehmen zu müssen.« | |
| 50 | »Bei anstehenden Veränderungen oder Herausforderungen denke ich oft: Ich kann das nicht!« | |

| | | |
|---|---|---|
| 51 | »Durchschnittliche Leistungen sind für mich inakzeptabel.« | |
| 52 | »Nur wenn du dich sehr angestrengt hast, kannst du dich über deinen Erfolg freuen.« | |
| 53 | »Entscheidungen treffe ich sofort.« | |
| 54 | »Bei neuen Anforderungen denke ich oft: Ich werde das eh nicht schaffen!« | |
| 55 | »Ich ärgere mich, wenn andere schlampig arbeiten.« | |
| 56 | »Ich bin hart im Nehmen.« | |
| 57 | »Wenn andere mich nicht brauchen, fühle ich mich nutzlos.« | |
| 58 | »Man ist besser nicht zu leichtgläubig.« | |
| 59 | »Ich gehe manchmal den Weg des geringeren Widerstands, auch wenn ich weiß, dass er falsch ist.« | |
| 60 | »Ich erledige lieber alles sofort, dann ist es weg.« | |
| 61 | »Lieber gebe ich nach, als dass ich mich durchsetze, denn Harmonie geht über alles.« | |
| 62 | »Ich hasse es, um Hilfe fragen zu müssen.« | |
| 63 | »Ich muss was Eigenes entwickeln, das auf jeden Fall anders ist, und mich dadurch ausdrücken.« | |
| 64 | »Ich mache oft vieles gleichzeitig.« | |
| 65 | »Es ärgert mich maßlos, wenn andere nicht von ihrem Standpunkt abweichen.« | |
| 66 | »Viel Aufwand nehme ich gern in Kauf, wenn ich dadurch besonders herausragende Leistungen erbringen kann, die entsprechend honoriert wird.« | |
| 67 | »Ich kann nur geschätzt werden, wenn ich Schätzenswertes gestalte.« | |
| 68 | »Wenn ich große Probleme oder Schmerzen habe oder unter massivem Druck stehe, so sage ich mir häufig: ›Ich kann das einfach nicht aushalten!‹« | |
| 69 | »Ich habe Angst davor, Fehler zu machen.« | |
| 70 | »Ich schätze es, wenn ich mich in Ruhe mit meiner Arbeit beschäftigen kann, um genau sein zu können.« | |
| 71 | »Ich muss mich ganz in meinem Werk oder meiner Tätigkeit wiederfinden.« | |

| | | |
|---|---|---|
| 72 | »Ich kann meine Gedanken meistens nicht stoppen.« | |
| 73 | »Finanzielle oder zwischenmenschliche Unabhängigkeit ist mein höchstes Gut.« | |
| 74 | »Wer langsam arbeitet, wirkt auf mich nicht sonderlich kompetent.« | |
| 75 | »Ungewisse Situationen sind für mich schwer auszuhalten.« | |
| 76 | »Die anderen liegen meistens völlig falsch.« | |
| 77 | »Für andere lasse ich oft alles stehen und liegen.« | |
| 78 | »Ich stehe im Alltag häufig unter Strom.« | |
| 79 | »Es ist furchtbar, wenn es nicht so läuft, wie ich es geplant habe.« | |
| 80 | »Ich fühle mich besser, wenn ich etwas geleistet habe.« | |

## Auswertung

Übertragen Sie Ihre Zahlenwerte für jede Fragenummer in die folgende Tabelle. Zählen Sie die Zahlenwerte für jeden Stresstypen zusammen. Der Stresstyp mit dem höchsten Zahlenwert ist Ihr Hauptantreiber zum Thema Stress.

| | | | | | | | | | | |
|---|---|---|---|---|---|---|---|---|---|---|
| 1. Der Hektiker | Frage: | 12 | 22 | 34 | 53 | 60 | 64 | 74 | 78 | Summe der Bewertung |
| | Bewertung: | | | | | | | | | |
| 2. Der Kümmerer | Frage: | 14 | 32 | 33 | 38 | 40 | 57 | 61 | 77 | Summe der Bewertung |
| | Bewertung: | | | | | | | | | |
| 3. Der Perfektionist | Frage: | 13 | 20 | 21 | 28 | 29 | 55 | 69 | 70 | Summe der Bewertung |
| | Bewertung: | | | | | | | | | |
| 4. Der Unabhängige | Frage: | 1 | 3 | 26 | 42 | 47 | 56 | 62 | 73 | Summe der Bewertung |
| | Bewertung: | | | | | | | | | |

| | | | | | | | | | | |
|---|---|---|---|---|---|---|---|---|---|---|
| 5. Der Kontrolltyp | Frage: | 2 | 15 | 18 | 30 | 44 | 72 | 75 | 79 | Summe der Bewertung |
| | Bewertung: | | | | | | | | | |
| 6. Der Vermeider | Frage: | 7 | 16 | 39 | 49 | 50 | 54 | 59 | 68 | Summe der Bewertung |
| | Bewertung: | | | | | | | | | |
| 7. Der Besondere | Frage: | 4 | 31 | 35 | 41 | 46 | 63 | 67 | 71 | Summe der Bewertung |
| | Bewertung: | | | | | | | | | |
| 8. Der Dogmatiker | Frage: | 5 | 8 | 10 | 19 | 36 | 45 | 65 | 76 | Summe der Bewertung |
| | Bewertung: | | | | | | | | | |
| 9. Der Beste | Frage: | 9 | 11 | 23 | 27 | 51 | 52 | 66 | 80 | Summe der Bewertung |
| | Bewertung: | | | | | | | | | |
| 10. Der Skeptiker | Frage: | 6 | 17 | 24 | 25 | 37 | 43 | 48 | 58 | Summe der Bewertung |
| | Bewertung: | | | | | | | | | |

*Anmerkung:* Dieser explorative Test basiert auf den wissenschaftlichen Grundlagen aus unterschiedlichen psychologischen und biologischen Ansätzen.

So stehen auf psychologischer Seite die Irrationalismen nach Albert Ellis, die Ich-Zustände nach der Transaktionsanalyse, die Teamrollen nach Meredith Belbin, die Muster der Arbeitsbewältigung nach Uwe Schaarschmidt und Andreas W. Fischer sowie die inneren Antreiber nach Taibi Kahler im Vordergrund.

Die biologische Grundlage definiert sich über die Anlehnung an die Dominanzen im Nervensystem (Sympathikus vs. Parasympathikus), die Hirndominanzen nach der Biostrukturanalyse und die Erkenntnisse rund um die Typ-A-Persönlichkeit.

Der Test wurde bislang mit rund 300 Stressbetroffenen ausgewertet.

## Der Stresstypentest – das Ergebnis

Bitte tragen Sie die Summe der jeweiligen Stresstypen in die nachfolgende Tabelle ein, sodass Sie auf einen Blick erkennen können, welcher Stresstyp die höchste Punktzahl erreicht.

Auswertung Stresssystem

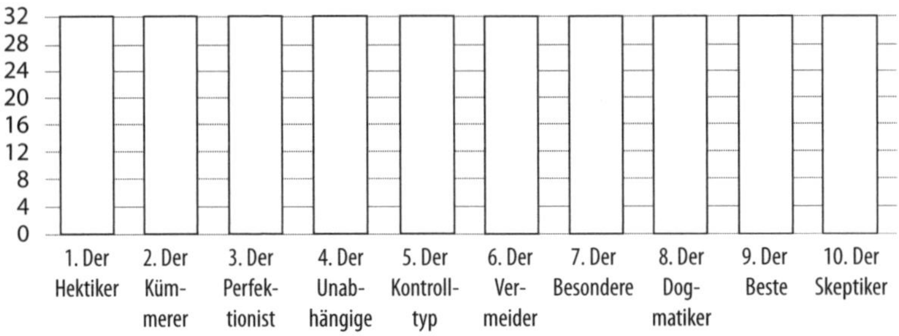


### Ergebnis Stresstypentest

| Stresstyp | Bei ihm wird Stress ausgelöst, wenn … | Seine stressbezogenen Probleme sind in der Häufigkeit … |
|---|---|---|
| **1. Der Hektiker** | … viele Aufgaben gleichzeitig zu erledigen sind.<br>… Zeitdruck entsteht.<br>… er in einem »langsamen« Umfeld steckt.<br>… er warten muss oder im Stau steht. | … immer gehetzt und gestresst zu sein.<br>… sich mit überfüllten Terminplänen zu überfordern.<br>… gereiztes Verhalten.<br>… körperliche Anspannung, Nackenprobleme.<br>… hohe Geschwindigkeit, Schwitzen.<br>… Herz-Kreislauf-Probleme.<br>… Bluthochdruck. |
| **Stresstyp** | **Bei ihm wird Stress ausgelöst, wenn …** | **Seine stressbezogenen Probleme sind in der Häufigkeit …** |
| **2. Der Kümmerer** | … Konflikte anstehen.<br>… er die eigene Meinung vertreten muss.<br>… er nein sagen muss.<br>… andere seine Hilfe nicht brauchen.<br>… er aufzufallen droht.<br>… es Disharmonie gibt. | … sich selbst nicht wichtig zu nehmen.<br>… es anderen immer recht machen zu wollen.<br>… sich stark belastet zu fühlen durch Kritik.<br>… Magen-Darm-Probleme.<br>… sich für andere aufzuopfern.<br>… schwer Anerkennung annehmen zu können.<br>… zu wenig für sich selbst einzustehen. |

| Stresstyp | Bei ihm wird Stress ausgelöst, wenn … | Seine stressbezogenen Probleme sind in der Häufigkeit … |
|---|---|---|
| **3. Der Perfektionist** | … Misserfolg droht.<br>… Fehler möglich sind.<br>… Entscheidungen getroffen werden müssen.<br>… Schnelligkeit statt Qualität gefordert ist. | … angetrieben zu sein durch den eigenen Leistungsanspruch.<br>… den perfektionistischen Leistungsanspruch auf alle Bereiche des Lebens zu übertragen und sich dadurch zu überfordern.<br>… Versagensängste.<br>… Anspannung.<br>… Magenprobleme. |
| **Stresstyp** | **Bei ihm wird Stress ausgelöst, wenn …** | **Seine stressbezogenen Probleme sind in der Häufigkeit …** |
| **4. Der Starke/ Unabhängige** | … er auf Hilfe angewiesen ist.<br>… es emotional wird.<br>… Empathie gefragt ist.<br>… delegiert werden muss.<br>… das eigene Ich Zuwendung braucht. | … sich abzugrenzen.<br>… keine Gefühle zu zeigen und kühl und distanziert zu wirken.<br>… alles alleine zu machen und sich permanent zu überfordern.<br>… eigene Schwächen nicht anzuerkennen.<br>… geringe Selbstwahrnehmung, insbesondere von körperlichen Signalen oder Krankheitssymptomen.<br>… Herz-Kreislauf-Probleme.<br>… Bluthochdruck.<br>… Einsamkeit und Abgrenzung. |
| **Stresstyp** | **Bei ihm wird Stress ausgelöst, wenn …** | **Seine stressbezogenen Probleme sind in der Häufigkeit …** |
| **5. Der Kontrolltyp** | … er sich in ungewissen Situationen befindet.<br>… ihm Risiken drohen.<br>… die eigene Sicherheit bedroht ist.<br>… Kontrollverlust droht.<br>… Fehlentscheidungen möglich sind.<br>… etwas außerhalb der Regeln verläuft. | … unter Angst und Sorgen zu leiden.<br>… sich häufig im Katastrophendenken zu befinden.<br>… sich schlecht auf das Hier und Jetzt fokussieren zu können.<br>… stresserzeugende Gedankenlawinen zu haben.<br>… Grübelzwang.<br>… Unsicherheit.<br>… Magen-Darm-Probleme.<br>… Schlafstörungen. |
| **Stresstyp** | **Bei ihm wird Stress ausgelöst, wenn …** | **Seine stressbezogenen Probleme sind in der Häufigkeit …** |
| **6. Der Vermeider** | … Prüfungen anstehen.<br>… er sich bewähren muss.<br>… Veränderungen drohen.<br>… Neues auf ihn zukommt.<br>… er überrascht wird und sich zu etwas schnell entschließen muss. | … Versagensängste.<br>… berufliche und private Stagnation und damit die Gefahr des Sich-nicht-Weiterentwickelns.<br>… das Risiko, mit dem Team nicht mehr mitzukommen.<br>… Ohnmachtsgefühle.<br>… Verstopfung.<br>… Reaktion der Erstarrung.<br>… Gefahr der Vereinsamung. |

| Stresstyp | Bei ihm wird Stress ausgelöst, wenn … | Seine stressbezogenen Probleme sind in der Häufigkeit … |
|---|---|---|
| 7. Der Besondere | … er nicht mitgestalten darf.<br>… es nur nach pragmatischen Normen verlaufen soll.<br>… er machen muss, was auch alle anderen machen.<br>… er keine Anerkennung erfährt.<br>… er nach der Norm handeln muss.<br>… er sich am Durchschnitt orientieren soll. | … lieber nach eigenen Vorstellungen zu gestalten anstatt das Team mitgestalten zu lassen und deshalb sich mehr Arbeit aufzuhalsen.<br>… anzuecken, wenn die Meinungen unterschiedlich sind.<br>… sich auf keinen Fall anpassen zu wollen und am Ende womöglich alleine dazustehen.<br>… nie ganz zufrieden zu sein.<br>… sich hauptsächlich über das Selbstgeschaffene / die eigene Arbeit zu identifizieren.<br>… Angst vor Nichtbeachtung.<br>… leicht kränkbar zu sein. |
| **Stresstyp** | **Bei ihm wird Stress ausgelöst, wenn …** | **Seine stressbezogenen Probleme sind in der Häufigkeit …** |
| 8. Der Dogmatische | … es mehrere Wahrheiten gibt.<br>… er Kompromisse eingehen soll.<br>… er Entscheidungen zurücknehmen muss.<br>… seiner Meinung nach zu Unrecht gehandelt wird.<br>… er nicht nach seiner eigenen Entscheidung handeln darf.<br>… er mit anderen Weltbildern konfrontiert wird. | … Schwarz-Weiß-Denken, was zu innerer Spannung führt.<br>… die Meinung anderer nicht zu akzeptieren oder gar annehmen zu können.<br>… auf Widerspruch zu seiner Entschiedenheit aggressiv zu reagieren bis hin zur Fäkalsprache.<br>… sich gerne um Recht oder Unrecht zu streiten, auch wenn der andere das gar nicht beabsichtigt.<br>… trotz dessen er keine Führungsposition inne hat, gegen den Vorgesetzten zu rebellieren und damit Konflikte zu verursachen.<br>… Blutdruckprobleme. |
| **Stresstyp** | **Bei ihm wird Stress ausgelöst, wenn …** | **Seine stressbezogenen Probleme sind in der Häufigkeit …** |
| 9. Der Beste | … die Arbeitsergebnisse messbar werden und mit denen der anderen verglichen werden können.<br>… er sich in Leistungssituationen befindet, in denen seine Resultate bewertet werden.<br>… er sich in einer Konkurrenzsituation befindet.<br>… er ins Mittelmaß abzurutschen droht.<br>… andere besser zu sein scheinen. | … inneren Druck zu verspüren.<br>… aggressives Verhalten, wenn es nicht so läuft wie geplant.<br>… im Umgang mit anderen autoritär zu werden, wenn er unter Erfolgsdruck steht.<br>… bei Misserfolg schwer loslassen zu können von der Selbstkritik und dem stillen Leiden über den Misserfolg.<br>… über die körperlichen Grenzen zu gehen, um das hohe Leistungsziel zu erreichen.<br>… die Tendenz zur Selbstüberforderung.<br>… das Ziel und den Erfolg über seine eigenen Bedürfnisse zu stellen.<br>… Kurzatmigkeit.<br>… Herz-Kreislauf-Probleme. |

| Stresstyp | Bei ihm wird Stress ausgelöst, wenn … | Seine stressbezogenen Probleme sind in der Häufigkeit … |
|---|---|---|
| **10. Der Skeptiker** | … er die Situation nicht in Gänze durchschauen kann.<br>… andere zu freundlich und oberflächlich sind.<br>… er keine Rückmeldung erhält über seine Arbeit.<br>… er das Ziel nicht klar einschätzen kann.<br>… er noch keinen Haken an der Sache gefunden hat. | … innere Unruhe, wenn er den Haken an der Sache noch nicht gefunden hat.<br>… gedanklich nicht abschalten zu können, weil er über Fallstellen nachdenkt.<br>… sich dauernd Gedanken über mögliche Fehler zu machen.<br>… immer in Sorge zu sein, reingelegt werden zu können.<br>… zum Einzelgänger zu werden aufgrund seines starken Misstrauens.<br>… Magen-Darm-Probleme. |

© Entwickelt von Dr. Eva Brandt und Miriam Fritsch-Kümpel

Die Stresstypenanalyse beschreibt Ihre persönlichen Stressverstärker. Bereits innerhalb der ersten Lebensphase werden durch Erziehung, Erfahrung und weitere Einflüsse von außen Verhaltensmuster geprägt, an denen wir uns orientieren und die wir in unterschiedlichen Situationen immer wieder anwenden – mit der inneren Überzeugung, dass sie für uns richtig und wegweisend sind. Durch die permanente Wiederholung manifestieren sich diese Verhaltensmuster über die Jahre und werden zur Selbstverständlichkeit. Sie sind beteiligt an der Navigation unseres Gefühlszustandes, unseres Denkens und Agierens im Alltag. Diese Navigation nehmen wir in Form von inneren Dialogen wahr. Haben Sie beispielsweise eine Arbeit abgeschlossen und könnten sie nun ins Team per Mail versenden, wird durch den inneren Dialog der Stressverstärker »Perfektionist« kritisch prüfen, ob denn auch alles fehlerfrei ist und dem eigenen Leistungsanspruch genügt sowie ob jedes Detail exakt ist und stimmig ist. Dies bringt den Perfektionisten dazu, alles nochmals zu prüfen. Im Sinne des Zeitmanagements kostet dies meistens zu viel Zeit im Verhältnis zum Ertrag dieser Mehrarbeit.

Es geht bei unseren Stresstypen nicht wie bei vielen Persönlichkeits- und Typisierungsmodellen darum, dass Sie den *einen* dominanten Stresstreiber herausfinden. Vielmehr kommt es häufig vor, dass wir von mehreren Stresstypen geleitet werden. Diese können sich gegenseitig beeinflussen und sich in uns wechselseitig hochschaukeln. Zeigt sich in Ihrem Ergebnis beispielsweise, dass in Ihnen die Stresstypen

»Der Perfektionist« und »Der Beste« gleichermaßen stark ausgeprägt sind, dann haben diese beiden Stresstreiber eine verstärkende Wechselwirkung. »Der Perfektionist« in Ihnen möchte die bereits erledigte Arbeit nochmals im Detail genau überprüfen, um der Gefahr der nicht entdeckten Fehler zu entgehen. »Der Beste« in Ihnen strebt zusätzlich danach, die Arbeit auch noch außergewöhnlich gut zu machen und mit diesem Werk positiv herauszustechen. Es ist also nicht verwunderlich, dass Sie mit einer solchen Stresstreiber-Konstellation in die Überforderung kommen.

Mit unserem Stresstypentest können Sie Ihren persönlichen Stresstyp bestimmen sowie damit zusammenhängende Stresssituationen und Probleme erkennen. In Kapitel 6 kommen wir wieder darauf zurück und zeigen Ihnen auf, wie Sie Ihre Stressmuster reduzieren und die negative Verstärkung in ausgewogene Denkmuster umwandeln können.

## Literatur

(1) Quelle: http://www.daserste.de/information/wissen-kultur/w-wie-wissen/sendung/2009/welt-in-zahlen-das-gehirn-100.html. Zugegriffen am 19.7.2017

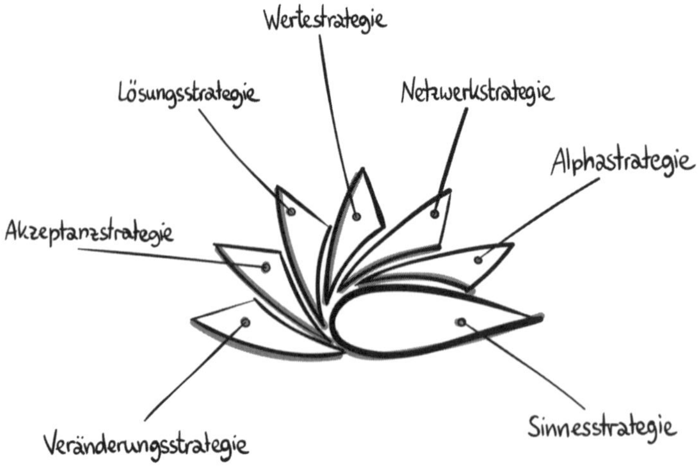
Wertestrategie
Lösungsstrategie
Netzwerkstrategie
Alphastrategie
Akzeptanzstrategie
Veränderungsstrategie
Sinnesstrategie

# KAPITEL 3
# DIE LOTUS-STRATEGIE

Die menschliche Kraft besteht nicht in den Extremen,
sondern in ihrer Vermeidung.

*Ralf Waldo Emerson*

Als wir die Lotus-Strategie entwickelt haben, hatten wir schon viele Schicksale gesehen. Wir waren oft zutiefst betroffen, wenn Manager vor uns standen, die trotz kräftiger Statur in sich zusammengefallen waren wie ein Pflanze ohne Wasser – kaum Energie in den Zellen, kein Aufblühen erschien möglich. Dennoch suchten wir in den Gesichtern nach Zuversicht. Wo gab es eine Spur, die uns verriet, was diese Führungskraft einst antrieb? Wie war ihre Persönlichkeit in guten Zeiten, die von Freude, Zufriedenheit und Erfolg geprägt waren? Diese Spur zu finden, das war für uns der Schlüssel für eine Begleitung, die sich nicht in langwierigen Analysen verlieren sollte. Wir wollten unseren Klienten vielmehr Empathie entgegenbringen und ihre Gedanken auf das richten, was sie wie einen genetischen Stempel in sich trugen. Das waren aus unserer Sicht die Charaktermerkmale, die einzigartige Stärkenkombination, das individuelle Zeitgefühl und der Wertehorizont.

Unsere Lotus-Strategie ist mit dem Ziel entstanden, genau dort anzusetzen, wo der Manager einst Befriedigung empfand. Wir waren uns darüber einig, dass wir ohne Zeitverlust die Säulen im Leben des Managers reparieren würden, die Risse zeigten. Nach der Erste-Hilfe-Maßnahme sollte eine langfristige Abwehr gegen Angst und Druck etabliert werden. Es ging uns darum, die tragenden Säulen erstens zu stabilisieren und zweitens vor einer erneuten Instabilität zu schützen. Denn wir wussten: Wer einmal emotional ausgebrannt war, der wird die Angst vor einer Wiederholung dieses unsäglichen Zustandes nie wieder los. Der wird unsicher in seiner Selbsteinschätzung und verhalten in seiner Leistungsbereitschaft.

Unser Anliegen ist es deshalb, dass ein Manager nach einer Erschöpfung seinen Erfolg wieder lieben lernt. Er sollte ohne Gewissensbisse wieder durchstarten und dem Leben die schönen Seiten abgewinnen. Nur sollte er das nicht mehr im Kamikazestil tun, sondern unter einer klugen Abwägung aus Einsatz und Wirkung. Dazu ist es nötig, die Perspektive zu ändern und in eine Helikopterposition abzuheben, um sich zu fragen:

- Bin ich in dem, was ich gerade tue, bei mir oder lasse ich mich von anderen instrumentalisieren?
- Kann es sein, dass dieses Ziel, das ich gerade verfolge, auf Dauer meinen Stress beschleunigt und die alten Wunden wieder aufreißt?

Die Lotus-Strategie soll die Selbstfürsorge von Führungskräften erhöhen und die individuellen Bewertungskriterien zugunsten der Gesundheit verschieben. Dazu bieten wir eine Strategie aus sieben Blütenblättern an, die Menschen ein ganzheitliches Gesundheitsprogramm bietet: Akzeptanz, Veränderung, Werte, Alphawirken, Sinne, Netzwerk und Lösung.

Oft werden wir gefragt, ob unserer Strategie nur Fach- und Führungskräfte unterstützt. Nein, antworten wir, natürlich nicht! Zwar arbeiten wir in unseren Seminaren und Coachings meist mit Fach- und Führungskräften, mit Managern und Unternehmern. Auch unsere Fallbeispiele und Erfahrungsberichte entstammen überwiegend aus der Welt des Managements. Jedoch ist unser Programm für jeden geeignet, der sich gestresst, belastet und überfordert fühlt oder der schlichtweg aus dem inneren Gleichgewicht geraten ist. Die Werkzeuge sind universell, die Ergebnisse individuell.

Fach- und Führungskräfte, Experten und Selbstständige sind allerdings besonders gefährdet auszubrennen.

1. Sie brennen exzessiv für ihre Aufgaben und erleben häufig kein Pendant im Erfolgserleben

   oder

2. sie wirken jenseits ihrer Stärkenlinie, haben aber einen hohen Anspruch an die Qualität ihrer Arbeit

   oder

3. sie fühlen sich nicht wertgeschätzt, ihre Erwartungen wurden enttäuscht.

Aus unserer Sicht ist die Kombination aus lichterlohem Brennen für die Aufgaben auf der einen und enttäuschten Erwartungen auf der anderen Seite der häufigste Grund für einen Burnout im Management.

Es geht uns bei der Lotus-Strategie also nicht darum, dass Sie Ihr Leben umkrempeln. Im Gegenteil. Sie sollen die einzelnen Lebens- und Wirkbereiche heilen und erhalten. Sie sollen Ihre Stärken stärken und Ihre Lust und Neugierde jeden Tag nach oben schrauben, aber bitte mit dem richtigen Maß! Angst, Druck, übertriebener Ehrgeiz, das Festhalten an Dingen, die Sie nicht verändern können, das Aufgeben eigener Werte und Freiheiten, das Vergessen von Ruhe und Entspannung, das darf nie wieder geschehen. Kurzum: Wir wollen mit diesem Buch Ihr Selbstbewusstsein und Ihre Selbstfürsorge stählen. Unser Bestreben ist, dass Sie das Beste aus sich herausholen, zu dem Sie fähig sind. Wie sonst könnten Sie sich weiterentwickeln? Wir finden es fantastisch, wenn Sie Ihre Fähigkeiten trainieren. Diese sind ein Geschenk, das Ihnen ins Lebensgepäck gelegt wurde, und sie haben Sie im Laufe Ihres Lebens groß werden lassen. Wie oft durften Sie über sich selbst staunen, weil Sie über sich selbst hinausgewachsen sind? Leistung kann Lebenslust beflügeln!

Aber gleichzeitig sagen wir: Jeder Mensch hat seine wunden Punkte. Er hat seine physischen, psychischen und emotionalen Grenzen, die er akzeptieren muss. Er braucht nach einer Phase der Leistungssteigerung auch wieder den realistischen Blick auf das Mögliche. Deshalb stellen wir Sie als Menschen mit Ihrem Temperament und Ihren Emotionen in den Mittelpunkt – und nicht die Ziele der anderen, die Manager oft verfolgen. Wir wollen *Ihre* Persönlichkeitsmerkmale, *Ihren* Zeittakt, *Ihre* Stressoren herauskristallisieren. Wir wollen, dass Sie Ihre Poweraspekte genau kennen und sich entsprechend danach richten.

Was Sie von uns nicht hören oder lesen werden, sind allgemeine Tipps wie: »Treten Sie kürzer.« »Entspannen Sie nach 19 Uhr.« »Nehmen Sie niemals Ihre Arbeitsunterlagen mit nach Hause.« »Legen Sie die Füße hoch, trinken einen Kamillentee und pflegen die stillen Stunden bis zur Nacht.« Solche Plattitüden sind ungefähr so wirkungsvoll wie Hautcreme auf Hühneraugen. Sie heilen nicht. Denn spätestens seit der Gehirnforscher Paul D. MacLean begründete, dass ein Temperament zum großen Teil eine Sache der Gene ist, wissen wir, dass diese allgemeinen Kommandos nicht funktionieren:

- Ein Macher mit seinen dynamischen, kreativen Stärken und seinem schnellen Zeittakt wird bei der Ansage »Füße hoch, Augen zu, an nichts denken und zwei Stunden entspannen« einen Stressschub spüren.
- Ein Analytiker, der mit Leidenschaft komplizierte Zusammenhänge darstellt, der Zeit und Raum vergessen kann, während er Details erfasst, wird ebenso unglücklich bei der Ansage: »Geben Sie ein Grobkonzept ab, Feinheiten sind nicht wichtig.«
- Ein Geselliger, dem das Wohlgefühl der anderen am Herzen liegt, der in die Probleme der anderen geradezu eintauchen kann, der wird seiner Stärke beraubt, wenn Sie ihm sagen: »Ab sofort kümmerst du dich nur noch um deine Dinge, deshalb ziehst du ins Einzelbüro.«

Menschen, die gegen ihr Temperament arbeiten, weil Methoden das diktieren, die werden ihren Lebenssinn verlieren. Sie werden den hauchdünnen Grat zwischen Herausforderung und Überforderung überschreiten, und keine Antistressmethode wird sie davor retten können. Und doch zeigen alle – ob Macher, Analytiker oder Geselliger – ein gemeinsames Merkmal, bevor die Stressspirale sich in gefährliche Höhen dreht.

Wir können aus einer Gruppe von erfolgreichen Managern denjenigen erkennen, der wahrscheinlich gefährdet ist, in einem Stress, einer Depression, einer Leere, in einem Zusammenbruch zu landen: Es sind die Männer und Frauen, die lichterloh für ihre Aufgaben brennen. Es sind die mit dem höchsten – oft exzessivem – Maß an Verausgabungsbereitschaft. Es sind die, welche die Welt aus den Angeln heben wollen und deren Glück eine lange Zeit aus der Erreichung ihrer Ziele besteht. So zucken wir ein wenig zusammen, wenn Ratgeberautoren ihre Leser glauben machen wollen, dass einzig die Aufgabe, die sie lieben, zum Glück führe. Dann sagen wir: »Nein. Das ist häufig nicht so. Wer seine Aufgaben durch jede Pore fließen lässt, der ist gefährdet. Nur wer brennt, kann ausbrennen.«

Deshalb beabsichtigen wir, eine Bremse in Ihren Stärkenbereich einzubauen, die Sie vor Überhitzung schützt. Das geschieht nicht, um Ihre Entwicklung zu verhindern, sondern um Ihr Potenzial zu schützen! Denn ein Wüten mit Stärken führt Sie möglicherweise geradewegs in eine Erschöpfung und von dort aus in einen Burnout. Dieser übrigens bedarf einer schnellen und effizienten Hilfe, eines individuell erarbeiteten Programms. Auch wenn das Wort Burnout umstritten diskutiert wird und für viele Experten aus Medizin und Psychologie lediglich eine Begleiterscheinung ist, so ist es für uns eine Lebensgefahr! Wir wollen keine langwierigen Diagnoseziffern, keine komplizierten Herleitungen. Wir wollen handeln, indem wir reparieren.

Wenn die Krankenkassen bis heute keine abrechenbare Ziffer bereithalten und den Burnout häufig als Erschöpfungsdepression oder Anpassungsstörung deklarieren, so sagen wir: Ein Burnout hat eine besondere Dramatik. Ein Burnout ist eine Krankheit. Er befällt besonders häufig talentierte und engagierte Menschen. Er kann im schlimmsten Fall tödlich enden, wenn keine punktgenaue Hilfe erfolgt. Diese sieht wie folgt aus: raus aus dem Stressumfeld, Abwägen einer Medikamentengabe und das Lichten des Gedankennebels, um wieder den Sinn im Leben zu sehen.

## Das Leiden der Manager

Auf den ersten Blick scheinen Männer durchsetzungsstärker als Frauen zu sein. Sie scheinen über mehr Kraft, mehr Kondition und über ein Plus an Resilienz zu verfügen, wenn sie an einem Ziel festhalten, das längst verloren ist. Ein toter Gaul lässt sich noch reiten, so mögen sie denken, und aktivieren nochmals ihre letzten Energiereserven. Diese Männer im Business glauben an sich, an ihre Wirksamkeit und vor allem an ihre Karriere. Wo Frauen längst resignieren, da starten sie noch einmal durch, wollen das Feuer für ihre Aufgaben wieder und wieder entfachen. Alles andere wäre in ihrer Wertung wie ein Schwächeln vor dem Ziel, und wer wollte sich das wohl eingestehen? Wir haben oft erfahren, dass Männer vermeintlichen Niederlagen mit einer Leistungssteigerung begegnen, dass sie zu lange in einem Problem steckenbleiben und dabei das Panorama aller Lösungen übersehen. Dann verfallen sie in einen Tunnelblick und verschleudern ihre Energie für Dinge, die nicht zu ändern sind. Wir nennen das Raubbau an Körper und Geist, Manager bezeichnen es als Zielfokussierung.

Bis heute sind es meist Männer in Führungspositionen, die erst Hilfe suchen, wenn sie die körperlichen Leiden von Stress selbst nicht mehr beherrschen. Ein Fehler. Dann werden die Magenschmerzen mit einem vorübergehenden Infekt entschuldigt, die Verspannung im Nackenbereich mit einer schlechten Sitzhaltung begründet und das Herzrasen ignoriert, weil sich das Herz im nächsten Urlaub sicherlich beruhigen wird. Dass die Gereiztheit wächst, wird einer kurzfristigen Überarbeitung geschuldet. Alles im Rahmen, alles normal, Karrieren haben ihren Preis. Diese Beruhigungen sind typisch für Menschen, die sich längst auf der Talfahrt befinden, die nicht mehr stoppen können, weil der Stress das Leben beschleunigt hat. Also passen sie sich dem zunehmenden Tempo an. Sie denken: »Wenn ich mehr arbeite und das Ziel früher als geplant erreiche, dann folgt eine Phase der Ruhe. Ich muss nur durchhalten und das aktuelle Tief überstehen.« Falsch. Ein Tief wirkt leider wie die Anziehungskraft der Erde, wie es Isaak Newton definierte: Der Fall eines Gegenstandes gewinnt an Beschleunigung und Gewicht, je länger er fällt. Genauso ist es mit den Emotionen im Stress und den daraus resultierenden geistigen und körperlichen Beschwerden. Aus einer Gereiztheit wird Aggression, wird Panik, wird Interessenlosigkeit, wird Traurigkeit, wird Erschöpfung, wird Leere, wird Sinnlosigkeit, und auf dem Grund der Tiefe angekommen sehen Sie nur noch Dunkelheit.

### Transaktionales Stressmodell

Manager jammern nicht, sie handeln. Das ist eine weitverbreitete Auffassung in den Unternehmen. Dabei wird oftmals übersehen, dass nicht ausschließlich das Fachwissen für Lösungsfindungen entscheidend ist, sondern dass die Persönlichkeit und die damit verbundenen Bewertungsmöglichkeiten von Stress ebenso Einfluss nehmen. Ob ein Manager in einer schwierigen Situation unter Stress gerät und im Folgenden eine Schädigung erleidet oder ob er die Situation lediglich als Herausforderung annimmt, das ist nach Richard Lazarus von der subjektiven Bewertung abhängig. Stehen die Warnsignale auf Stress, kommt es entlang der Hypothalamus-Hypophysen-Nebennierenrinden-Achse zu einer schädlichen Erhöhung von Cortisol, das auf einem dauerhaft hohen Niveau zum Burnout führt. Deshalb ist der Ansatz der Lotus-Strategie, die Stressbewertung neu zu justieren.

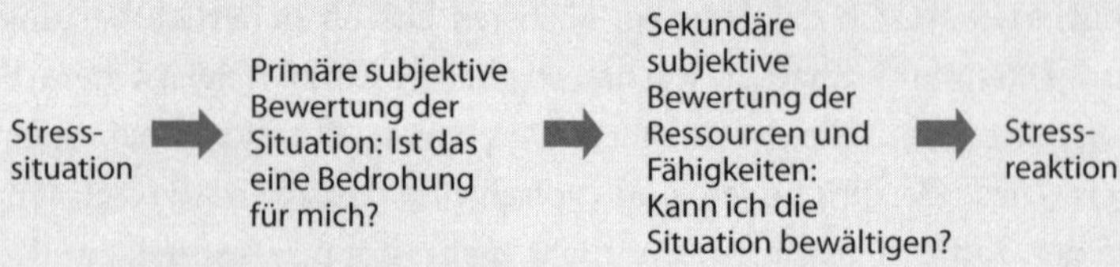


Modell in Anlehnung an das Transaktionale Stressmodell nach Lazarus (1)

Frauen in Führungspositionen, so scheint uns, reagieren sensibler auf die Warnsignale in einer Stresssituation. Sie haben gelernt, sich mehrere emotionale Räume offen zu halten, sich nicht an ein Ziel zu klammern. Auch ist ihnen der Status um Macht oft nicht so wichtig. Sie stoppen eher das Hamsterrad, bevor sie sich durch Boni und fremde Ziele beeindrucken lassen. Männer reagieren sehr viel später. Sie suchen sich erst eine professionelle Begleitung, wenn sie sich zwischen Stufe 6 und 7 des Stressrads befinden. Ob dann eine Beratung noch wirksam ist oder ob eine medizinische Versorgung im Vordergrund steht, das entscheiden wir gemeinsam nach einer ersten Situationsanalyse. Dabei haben wir festgestellt, dass es meist zwei typische Reaktionsweisen der Manager gibt:

1. Gefragt nach den Problemen beschreibt der Manager nahezu verzweifelt seinen nicht mehr ertragbaren Alltag.
   Die Worte sprudeln aus ihm heraus, oft auch die Tränen. In jedem zweiten Satz lautet der Hinweis: »Ich weiß nicht weiter. Ich kann nicht mehr.« Es tut gut, dann die Last zu nehmen, indem wir ant-

worten: »Dafür sind Sie hier. Wir werden eine Lösung finden, die sich für Sie gut anfühlt.« Kurze Sätze des Trostes sind in dieser ersten Hilfe unerlässlich. Sie vermitteln das Gefühl, nach einer langen kräftezehrenden Stressstrecke ein Stück Verantwortung abgeben zu dürfen.

2. Es folgt nur ein langes Schweigen. Dem Manager fehlen die Gedanken, die Worte, er hat keinen Impuls zum Reden.
   Das ist der Moment, in dem wir in leere Augen sehen. Dann wissen wir, eine Situationsanalyse ist aktuell nicht möglich. Der Burnout hat zugeschlagen. Weder Trost noch Lösung erreichen ihn. Er braucht dringend eine medizinische Krisenversorgung, um die letzte lebenserhaltende Energie zu retten.

In beiden Fällen geht es darum, schnelle und adäquate Hilfe zu leisten und das Verglimmen des Lebenssinns zu stoppen. Dabei haben wir festgestellt: Jeder Stress hat seine eigene Geschichte und nicht jeder Zusammenbruch hat die gleiche Ursache.

***Burnout-Symptome erkennen***

*Die Karriere von Daniel Westermann startete wie im Bilderbuch. Ihm gelang in Rekordzeit ein Abschluss mit Auszeichnung in Wirtschaftswissenschaften. Er fand seine erste Stelle in einem international agierenden Konzern und nach zwei Jahren nahm er bereits die Stufe ins mittlere Management. Was wie eine Leichtigkeit auf andere wirkte, war für Daniel harte Arbeit, die oft bis in die Nachtstunden dauerte. Aber der Einsatz lohnte sich, denn seine Leistung fiel auf. Er wurde in den folgenden Jahren weiter geachtet und gefördert – und bald schon warb die Konkurrenz um ihn. Sie winkte mit einem Posten im oberen Management. Er sagte zu und dachte: »Jetzt geht der Spaß erst richtig los.«*

*Daniel Westermann schien das Glück löffelweise zu schlucken. Es war, als würden sich die Türen zum Erfolg wie von alleine öffnen. Er zögerte nicht hindurchzugehen. Und mit den Jahren trainierte er sein Talent, Menschen für Produkte zu begeistern, zu einer ausgewachsenen Stärke. Kein rhetorischer Kunstgriff war ihm fremd und seine Empathie leuchtete geradezu, wenn er seinen Verhandlungspartnern gegenübersaß. Seine Abteilung, mittlerweile war er für vierzig Mitarbeiter verantwortlich, zählte zu den besten im Konzern. Man schätzte seine Offenheit und Gewissenhaftigkeit im Kollegenkreis und im Vorstand gleichermaßen.*

*Auch privat lief alles bilderbuchmäßig. Er heiratete seine langjährige Freundin aus Studienzeiten, kaufte ein Haus mit Garten im Süden von Berlin und bald schon kündigte sich die Geburt seiner Tochter an. Würden Lebensdrehbücher wie diese immer mit einem Happy End schließen, könnten wir an dieser Stelle den Schlusspunkt setzen. Aber das Leben lehrt, dass Erfolgsstränge und Glückssträhnen ein Anfang und ein Ende haben. So auch bei Daniel. Der Riss deutete sich erstmals an, als sein Vorgesetzter ihn um ein Gespräch bat. »Daniel, wir wissen um Ihre Kommunikationsstärke und um Ihre Gabe, praxistaugliche Strategien im Vertrieb auszuarbeiten.« Daniels Augen glänzten. Ja, das war seine Leidenschaft. »Aber«, so fuhr der Vorgesetzte fort, »ein Kollege der Revision hat uns verlassen. Wir haben einen Engpass. In einem halben Jahr rechnen wir mit einer Konzernprüfung und wir wollen Ihnen im Vorfeld die Federführung übertragen, diese vorzubereiten und mitverantwortlich zu zeichnen.« Daniel fühlte sich geehrt. Zwar zählte die Revision nicht zu seinen Talenten, aber der Chef schien ihm die Aufgabe zuzutrauen. Das Störgefühl, das ihn warnte, schob Daniel mental zu Seite. Er antwortete: »Gerne, ein halbes Jahr kann ich die Verantwortung übernehmen. Danke für Ihr Vertrauen.« Danach, so dachte er sich, wäre die nächste Karrierestufe fällig. Dann bekäme er einen persönlichen Referenten, er könnte kürzer treten.*

*So stürzte er sich als Macher in die Arbeit, nahm abends Unterlagen aus beiden Aufgabenbereichen mit nach Hause. Vor ein Uhr ging er nicht zu Bett. Um drei Uhr früh schrie die Kleine, um sechs Uhr klingelte der Wecker. Der Tag begann mit Kopfschmerzen. Aber drei Tassen Kaffee würden die Müdigkeit vertreiben, dachte er und sprang mit Anstrengung aus den Federn. Wenn Daniel sich morgens im Spiegel betrachtete, dann war er sich selbst fremd geworden. Unter den Augen zeichneten sich dunkle Schatten, die Linie zwischen Nase und Mundwinkel schnitt tief durch sein Gesicht. Die Schultern hingen nach vorne und der Bauch auch. Er führte das auf seine ungesunde Ernährung zurück – auf Wein statt Wasser, auf Schokolade statt Salat. Kein Wunder, dass die Haut matt und großporig wirkte. Er nahm sich vor, mehr auf sich achten und überhaupt mit dem Chef zu reden. Seit zwei Jahren stemmte er nun beide Abteilungen, was für ein halbes Jahr geplant worden war, war längst zur Gewohnheit geworden.*

*Auch privat war kaum noch Glück zu spüren. Dass seine Frau kein Verständnis für seinen Fleiß zeigte, enttäuschte ihn sehr. Erst gestern hatte sie sich beschwert, er sei ein Schattenmann, irgendwie da, aber nicht fassbar. Sie stritten laut und heftig. Unschöne Worte fielen, der Ton war zu laut: Er sei doch derjenige, der das Geld verdiene, da dürfe er mehr Unterstützung erwarten. Sie schlug die Tür zu, die Kleine heulte und er fühlte tief im Herzen: Seine Frau hatte recht. Aber es gelang ihm, sein schlechtes Gewissen zu beruhigen. »Wer Karriere machen will, muss Opfer bringen.« Und so blieb die Arbeit seine Priorität, er beschleunigte gar das Tempo, weil er Angst hatte, am Ende einer langen und belastenden Phase zu versagen. »Nur dieses Jahr noch, nur bis zu den nächsten Kennzahlen«, schwor er sich insgeheim. Soweit würden seine Kondition und auch die Substanz seiner Ehe noch reichen. Nur nachts, wenn die Gedanken kreisten, kam das schlechte Gewissen. Dann konnte er sich nicht erinnern, wann seine Tochter die ersten Worte sprach, die ersten Schritte tat, wann er überhaupt je mit ihr auf dem Boden im Kinderzimmer saß und bunte Holztürme baute. Irgendwann an einem dieser Morgen, an denen er unzufrieden in den Spiegel sah, kam sie zu ihm ins Bad getappt, um ihm ein selbstgemaltes Bild zu zeigen. »Für Papa« rief sie ihm zu und patschte auf das Wirrwarr aus Strichen. Er sah kurz hin und antwortete. »Prima.« Später würde er nicht mehr sagen können, was auf dem Bild zu sehen war, aber er würde die Kennzahlen des Tages noch abends im Bett beten können.*

*Manchmal fragte er sich, wann sich sein Denken und Fühlen derart veränderte, wann es jenen Punkt gab, an dem er seine Werte verbog. Er kannte nicht mehr die Probleme und Wünsche seiner Mitarbeiter, nicht mehr die Pläne seiner Freunde. Seine Frau war ihm fremd geworden und er hatte Angst, die Liebe seiner Tochter zu verlieren. Er funktionierte, aber er brannte nicht mehr. Diese Einsicht war verbunden mit einer tiefen Traurigkeit.*

*In den nächsten Wochen schleppte er sich durch seine Abteilungen. In Meetings beteiligte er sich kaum an Diskussionen. In den Mittagspausen schloss er sich im Büro ein. Wenn er andere auf dem Flur lachen hörte, klang das fremd. In seinen Ohren brummte es seit Wochen. Tinnitus nannte es sein Arzt. Und gestern Nacht kam zum Brummen ein Pfeifen hinzu. Sein Herz überschlug sich. Schweiß am ganzen Körper. Atemnot. Er flüchtete aus dem Bett. Auf dem Sofa im Wohnzimmer versuchte er, sich selbst zu beruhigen, alles würde gut. Da öffnete sich leise die Tür, seine Tochter stand im Rahmen. Sie sah klein und irgend-*

*wie verloren aus. Auf einmal brach alles aus ihm heraus, und als seine Frau ihn fand, war in seinen Augen nur noch Leere.*

## Bruch der Gefühle

In jedem Alter, in jeder sozialen Situation kann es geschehen, dass eine Traurigkeit die Gefühle dominiert. Sobald äußere und innere Stressoren zu viel Raum erhalten, setzen diese den Hebel in der Gefühlswelt an und verändern die Chemie im Kopf. Zwar ist eine vorübergehende seelische Unstimmigkeit durchaus zu ertragen, auch eine zeitlich begrenzte Depression aufgrund schwieriger Umstände im Leben erträgt nahezu jeder Mensch. Dann kann es sein, dass der Job gekündigt, der Kredit eingefroren, dass ein Elternteil krank wird und der Pflege bedarf. Ein Mensch ist in der Lage, viele Unwägbarkeiten und Enttäuschungen zu stemmen. Allerdings – und dieses Resümee ziehen wir nahezu täglich – folgt bei Überschreitung der inneren Grenzen zunächst ein Nebel. Die Orientierung fehlt. Die Selbstwirksamkeit ist nicht mehr vorhanden. Was im weiteren Verlauf entsteht, ist gefühlter Druck und Hilflosigkeit. Beides zieht schädliche Spuren im Gehirn. Beides trainiert die Traurigkeit. Deshalb sind die obersten Gebote in einer außergewöhnlichen Stresssituation:

1. Achten Sie auf die Warnsignale. Erkennen Sie den Beginn der Überforderung!
2. Holen Sie sich professionelle Hilfe, wenn Sie sich überfordert fühlen. Sie brauchen dringend eine neue Bewertung der Stresssituation und bestenfalls eine Idee von einem neuen Weg.

## Zeichen der Überforderung

Folgende Symptome können Anzeichen für eine Überforderung sein.

| **Körperliche Warnsignale** | |
|---|---|
| Rückenschmerzen | |
| Kopfschmerzen oder Migräne | |
| Starkes Schwitzen | |
| Atembeschwerden oder Engegefühl in der Brust / schwer Luft bekommen | |
| Verspannungen in der Muskulatur | |
| Entspannungsunfähigkeit | |
| Sexuelle Unlust | |
| Zyklusstörungen (Frau) | |
| Sexuelle Funktionsstörung (Mann) | |
| Magen-Darm-Beschwerden | |
| Permanente Müdigkeit | |
| Einschlaf- und/oder Durchschlafstörungen | |
| Herzklopfen, Herzrasen | |
| Infektanfälligkeit | |
| Haarausfall | |
| Rauschen im Ohr/Pfeifton | |
| Kopfrauschen | |
| Zurückschrecken bei Berührung | |
| **Emotionale Warnsignale** | |
| Innere Unruhe | |
| Aufgekratzt sein | |
| Angst und Unsicherheit | |
| Unausgeglichenheit | |
| Unzufriedenheit | |
| Lustlosigkeit, Antriebslosigkeit | |
| Gereiztheit | |
| Aggressivität | |
| Ärger und Wut | |
| Interessenlosigkeit | |

| | |
|---|---|
| Freudlosigkeit | |
| Innere Leere | |
| Traurigkeit, Bedürfnis zu weinen | |
| Nervosität | |
| **Kognitive Symptome** | |
| Gedankenkarusselle, Grübelzwang | |
| Konzentrationsprobleme | |
| Blackouts | |
| Fehlerhäufung | |
| Albträume | |
| Tagträume | |
| Leistungsabfall | |
| Allgemein ein schlechteres Kurzzeitgedächtnis | |
| **Verhaltensbezogene Symptome** | |
| Weniger Sport oder ausgleichende Tätigkeiten als gewünscht | |
| Mehr Rauchen oder Alkohol als gewünscht | |
| Vernachlässigung sozialer Kontakte | |
| Weniger Feingefühl/Rücksichtnahme | |
| Unregelmäßige Mahlzeiten | |
| Gehetzt sein/hektisch | |
| Konfliktträchtiges Verhalten | |
| Ungeduld | |
| Hyperaktives Kommunikationsverhalten: schnelles Sprechen, andere unterbrechen, nicht zuhören können, Sätze nicht zu Ende sprechen, Gedankenfaden verlieren, Befehlston | |
| Aufschieben von Aufgaben | |
| Verzetteln | |

## Die Macht des Unterbewussten

Es ist nicht kritisch, auch über mehrere Wochen hinweg für seine Arbeit zu brennen. Neben der Berufstätigkeit noch einen Masterabschluss im Abendstudium zu absolvieren ist durchaus machbar. Auch eine zusätzliche Herausforderung im Stärkenbereich kann zur Leistung beflügeln, wenn sie nicht auf unbestimmte Zeit stattfindet. Dann kann ein Manager zwei Abteilungen leiten, wenn er dies als Herausforderung bewertet und wenn ein Zielband sichtbar vor den Augen flattert. Schwierig wird die Situation für den Betroffenen erst, falls sich zu den beruflichen Herausforderungen unerwartet eine Schwierigkeit im Privaten hinzufügt. Eine Beziehungskrise, ein finanzielles Desaster oder ein Unfall könnten die gesamte Situation in einen kaum erträglichen Stressmodus drücken. Generell aber gilt: Bis es zu einer Verschiebung im Hormonsystem kommt, bis die Gehirn-Nebennieren-Achse nicht mehr belastbar ist, dauert es oft zwei Jahre. Das mag wissenschaftlich nicht belegt sein, aber es ist die Zeiteinheit, die wir in der Analyse aller Fakten oft errechnen. Vielleicht atmen Sie hier auf und denken: »Zwei Jahre, das ist eine lange Zeit, da kann ich weitermachen wie bisher.« Sie könnten tatsächlich versucht sein, die Warnsignale nicht ernst zu nehmen. Aber Vorsicht: Im Unterbewusstsein sammelt sich alles, was Sie im Alltag belastet.

Signale, die Sie ignorieren, oder Erfahrungen, die Sie verweigern, verschwinden nicht einfach aus ihrem Gehirn. Sie sacken vom Hippocampus in die Tiefe Ihres Unterbewusstseins. Manchmal steigen diese Bilder in verzerrten, skurrilen Formen in Träumen wieder hoch, manchmal werden sie zur Intuition. Wir empfehlen Ihnen deshalb, sich auf diese inneren Bilder einzulassen und sie zu deuten, denn es sind Ihre eigenen, subjektiven Ideen, die oftmals einen hohen Wahrheitsgehalt spiegeln. Tauchen Sie hin und wieder gedanklich in diese tiefen Sphären Ihres Gehirns, begeben Sie sich auf eine Gedankenreise, aus der Sie gestärkt hervorkommen. Wir wenden Gedankenreisen immer dann an, wenn sich die Kruste des Alltags lösen soll, wenn wir individuelle Lösungen ins Bewusstsein locken wollen.

Deshalb bitten wir Sie, sich für wenige Minuten auf eine Reise an diesen Ort der versteckten Bilder zu begeben. Dort gibt es übrigens keinen inneren und keinen äußeren Kritiker. Sie dürfen loslassen von Beschwernissen und von einer leichten Zukunft träumen, einer Zukunft nach Ihren Wünschen.

## Loslassen

### *Eine Gedankenreise*

Für die folgende Reise wechseln wir vom *Sie* zum *Du* – Ihr Unterbewusstsein kennt keine Förmlichkeit. Sie können dort nur in der *Du*- oder *Ich*-Ansprache andocken.

Bereite dich bitte auf einen Wechsel von Lesen und innerer Visualisierung mit geschlossenen Augen vor.

Atme tief und entspannt ein und langsam wieder aus. Und noch einmal: tief einatmen und langsam wieder ausatmen. Stelle dir nun vor, du bist an einem See. Das Wasser ist ruhig, die Sonne wärmt deine Haut. Es ist ein schöner und ungestörter Platz. Du fühlst dich sicher, du fühlst dich geborgen, du fühlst dich entspannt. Lege dich auf die Wiese, auf das weiche Gras, das den See umgibt. Genieße das Gefühl, das weiche und angenehm kühle Gras auf Deiner Haut.

Schließe die Augen und spüre dem Gefühl nach. Lass das Bild in all seiner Intensität in deinem Kopf entstehen.

Gibt es ein Problem in deinem Leben, das du aus der Welt schaffen möchtest? Einen Konflikt mit einem Kollegen? Ärger mit einem Projekt? Das Gefühl von Stress und Überforderung? Der Druck, den dein Chef auf dich ausübt? Krankheit? Schmerz?

Nun nimm das erste Bild, das dir in den Sinn kommt, und gib der Sache, die du loswerden willst, eine Gestalt. Sie kann rund wie eine Kugel sein, eckig wie ein Würfel, wie auch immer.

Was für eine Beschaffenheit hat die Sache? Welche Form? Welche Farbe? Visualisiere die Sache vor deinem geistigen Auge, so gut es dir möglich ist. Stell dir nun vor, dass die Sache so klein ist, dass sie in deine Hand passt. Und nun nimmst du die Sache in deine rechte Hand.

Halte dir deutlich vor Augen, dass du diese Sache in deiner Hand hältst – sie verweilt nicht länger in deinem Körper. Die Sache, von der du dich befreien willst, liegt jetzt in deiner rechten Hand.

Schließe wieder die Augen. Stell dir ganz genau vor, wie die Sache in deiner rechten Hand liegt.

Und nun legst du die Sache etwa 30 Zentimeter von dir entfernt in das Gras. Und wenn du bereit bist, dann richte dich langsam auf. Schau dir die Sache an, von der du dich befreien willst. Du möchtest diese Sache unbedingt loswerden, sie von dir werfen. Und du nimmst die Sache wieder auf und hältst sie wieder in deiner rechten Hand. Du schließt die Finger fest um die Sache. Nun holst du aus und wirfst die Sache von dir weg in den See. Du nutzt deine gesamte Kraft. Du bist erstaunt über die Energie, die in deinem Arm steckt. So dynamisch und kraftvoll gelingt es dir, die Sache in hohem Bogen von dir weg zu werfen. Die Sache klatscht auf die Wasseroberfläche. Das Wasser spritzt zu allen Seiten. Der Gegenstand versinkt. Du siehst genau hin. Schon bald geht der Gegenstand in der Tiefe des Sees unter und du bist dir gewiss, dass die Sache nie wieder an die Wasseroberfläche kommen wird, sondern tief auf dem Grund des Sees gefangen sein wird.

Betrachte aufmerksam, wie sich die Wasseroberfläche wieder beruhigt.

Halte dir vor Augen, dass die Sache, von der du dich befreien wolltest, nun mit großem Ritual versenkt wurde. Steh nun auf, kehre dem Ort der Versenkung den Rücken zu und geh davon.

Und nun schließe erneut die Augen und visualisiere den Akt der Versenkung noch einmal. Wie du die Sache, derer du dich entledigen möchtest, ins Wasser schleuderst, wie sie versinkt und wie du dich dann vom Ort der Versenkung entfernst.

Du entfernst dich von diesem Ort und gehst weiter auf der grünen Wiese, bis du nach einigen Minuten zu einem zweiten Gewässer kommst. Diesmal ist es kein See, sondern ein kleiner Teich, bedeckt mit einer Vielzahl an Lotusblumen. Ihre Blüten leuchten in strahlendem Weiß und zartem Rosa. Ihr Duft ist süß. Du bist überwältigt von der Schönheit, die sich vor deinen Augen abspielt. Du setzt dich in das weiche Gras, direkt an dieses Teichufer, und genießt den friedlichen Anblick.

Plötzlich bemerkst Du, wie sich eine Lotusblume löst. Sie löst sich aus einer dichten Ansammlung von Lotusblumen und treibt direkt auf dich zu. Du traust deinen Augen kaum. In dir macht sich Erstaunen breit, aber auch Glückseligkeit. Du weißt, dass diese Blume ein Symbol ist. Ein Zeichen für das positive Gegenstück zu dem Problem, das du versenkt hast.

Wenn du eine Angst versenkt hast, so findest du in der Lotusblüte Sicherheit oder Vertrauen. Bei Stress ist sie ein Symbol für Ruhe und Entspannung, bei Schmerz oder Krankheit ist sie ein Symbol für Gesundheit und Wohlbefinden.

Sieh dir nun dieses positive Symbol an, die Lotusblüte. Bewundere ihre sanfte Farbe, ihre harmonische Form. Und nun beuge dich nach vorne, hebe die Blüte aus dem Wasser und nimm sie in deine linke Hand. Wenn du magst, kannst du die Blüte auch ganz nah an deinen Körper halten oder in deinen Schoß legen. Und du spürst, wie diese positive Energie, Sicherheit, Ruhe, Wohlbefinden oder was auch immer du erhoffst, in dich hineinströmt und dich voll und ganz erfüllt.

Schließe deine Augen und genieße dieses Gefühl noch eine Weile.

Wenn Du bereit bist, nimm einen tiefen Atemzug, öffne die Augen und trage das befreiende und das positive Gefühl in den Tag hinaus.

Auf dieses Bild und das damit gekoppelte entlastende Gefühl kannst du im Alltag immer wieder zurückgreifen. Wenn eine Sache, die dich quält, an Schwere und Aktualität gewinnt, dann nutze dieses Bild, um gefühlte Kontrolle zu erlangen: Versenke die Sache immer wieder und immer wieder, wenn dir danach ist.

Nimm dir deine Blüte, um dich mit positiver Energie aufzutanken und zu stärken.

Sie können diese Übung auch als Audiodatei anhören (siehe Einleitung Seite 17: Hinweis zum Zugangscode für die Audiodatei), um sie so intensiver zu erleben.

## Literatur


(1) Lazarus, Richard S.: Psychological stress and the coping process. 1966. McGraw, New York. Siehe auch: Lazarus, Richard S., Launier, Raymond: Stressbezogene Transaktionen zwischen Person und Umwelt. In: Jürgen R. Nitsch (Hrsg.) »Stress. Theorien, Untersuchungen, Maßnahmen«. 1981. Huber, Bern, S. 213–259

(2) Lazarus, R., Launier, R., (1981). Stressbezogene Transaktionen zwischen Person und Umwelt. In: J. R. Nitsch (Hrsg.) Stress. Theorien, Untersuchungen, Maßnahmen (S. 213–259). Bern: Huber.

KAPITEL 4

# BLÜTENBLATT 1 AKZEPTANZ

# WENN DIE SEELE LEIDET

Seelenleiden, in die wir durch Unglück
oder eigene Fehler geraten, sie zu heilen
vermag der Verstand nichts,
die Vernunft wenig, die Zeit viel,
entschlossene Tätigkeit hingegen alles.

*Johann Wolfgang von Goethe*

Die Seele lässt sich nicht durch eine chemische Formel beweisen. Wissenschaftlich ist sie kaum zu begründen. Überhaupt streiten sich die Forscher um ihre Existenz und bevorzugen das Wort *Psyche*, um sie zu benennen. Und doch wirkt die Seele in uns, über uns, mit uns, schert sich nicht um Begriffe, sondern will sich nach ihrem Muster entfalten. Dann denkt und handelt ein Mensch authentisch und kann sogar charismatisch erscheinen, weil er seinen Stärken eine Art von innerer Verbundenheit hinzufügt. Die Seele ist das, was wir eine besondere, eine unverwechselbare Note nennen, und ihr Stoff webt sich aus Charakter und Sehnsucht, Vernunft und Gefühl.

Bereits mit dem ersten Schrei eines Neugeborenen spannt sich dieser Stoff und wird fortan ein eigensinniger Begleiter sein. Dabei ist er genügsam, trägt so manche Last. Auch ist er flexibel genug, um sich bis zu einem gewissen Grad der Umwelt anzupassen. Er kann Fehler und Schicksalsschläge verzeihen. Aber die Elastizität ist nicht endlos. Der Stoff kann reißen, wenn Sie ihn überstrapazieren, wenn die Dissonanzen im Alltag zu heftig werden. Dann lässt die Widerstandskraft nach. Das ist der Punkt, an dem die Seele leidet.

## Zeichen des Wandels

In einer sich schnell verändernden Welt klaffen innere Wirklichkeit und äußere Umstände zuweilen weit auseinander. Auf der einen Seite wollen wir an Althergebrachtem festhalten, weil uns ein Denken, Fühlen und Handeln nach bekannten Mustern einfacher fällt als das Einfügen in unbekannte Größen. Auf der anderen Seite aber wollen wir betonen, dass Menschen unterschiedlich auf Veränderungen reagieren. Es hängt von ihrem Temperament ab, wie sie die Kluft überwinden. Ebenso ist die Reaktion auf Unerwartetes abhängig von dem persönlichen Zeitgefühl.

- Ein Macher, dessen Gabe es ist, jede Herausforderung als persönliche Chance zu begreifen und dessen Stärke es ist, eine schnelle Entscheidungskraft zu zeigen, den wird eine Veränderung beflügeln.

- Ein Analytiker hingegen wird bei veränderten Parametern im Alltag verunsichert reagieren. Seine Seele verlangt nach Ruhe, nach langem Abwägen vor einer Entscheidung, nach einer Vorausschau aller Konsequenzen. Sein innerer Stoff ist von Zweifeln und Bedenken durchwebt.
- Ein Geselliger empfindet Sorge bei Veränderungen. Er will Traditionelles erhalten, weil sein persönliches Zeitgefühl von Erlebnissen und Erfahrungen geprägt ist. Er bewegt sich gerne in seiner Vergangenheit, weil er dort bekannte Muster findet. Seine Gabe ist die Beziehungskraft zu anderen Menschen und er wird alles daran setzen, dass eine Veränderung daran nicht rüttelt.

Wir halten viel davon, diese Temperamente auszuleben. Allerdings steht fest, dass die digitalgetriebene Arbeitswelt auf Ihre Seelenbelange kaum Rücksicht nimmt. Ob Sie sich über die neuen Herausforderungen freuen, ob Sie zweifeln oder sich nach Altem sehnen, scheint heutzutage nicht relevant. Die Projekte werden gefühlt zunehmend schneller getaktet, die Kommunikation immer stärker auf digitale Medien fokussiert. Unabhängig von Ihren eigenen Vorlieben rast die Veränderung voran wie nie zuvor seit Menschengedenken. Das kann Sie aus der Bahn schleudern oder das kann Sie zu Karrierechancen tragen. Es ist letztendlich eine Sache der perspektivischen Betrachtung. Kurzum: Es muss Ihnen gelingen, sich selbst zu entfalten, indem Sie Ihre persönlichen Stressoren identifizieren und minimieren und manchmal Ihre Bewertung verändern. Das werden wir mit dem ersten Blütenblatt der Akzeptanz erreichen.

Natürlich kann sich niemand frei nach seiner Seele in dieser Welt einrichten. Zu viele Unsicherheiten und Veränderungen prägen den Alltag. Das finden wir gut. Wie sonst könnten Innovationen und Forschung geschehen und wie sonst könnten Sie sich persönlich weiterentwickeln? Weder der interkulturelle Dialog noch die Globalisierung wären möglich, würden wir Veränderungen skeptisch gegenüberstehen oder gar mit Angst begegnen. Sie und wir verändern uns täglich. Diese Weisheit nannten die antiken Philosophen panta rhei, und Heraklit formulierte zu dieser Theorie den Lehrsatz: »Alles bewegt sich fort und nichts bleibt.« Diesem Satz folgen wir mit einer kleinen, aber existenziellen Einschränkung: Das Einzige, das seit der Entstehung der Erde unveränderlich ist, ist ihr Kreisen um die Sonne in immer gleicher Geschwindigkeit und auf immer gleichen Bahnen. Das ist die Grundlage für unsere Zukunft, die gestern eine andere war als heute und morgen noch im Nebel liegt.

## Solange die Erde sich dreht

Vor rund 5 Milliarden Jahren explodierte ein gewaltiger Stern. Er sprühte Staub und Gas und unzählbare Teilchen als Himmelskörper und daraus formte sich die Sonne, die Mutter eines Planetensystems. Zunächst wurde sie umschwirrt von kleinen glühenden Teilchen, die sich irgendwann in einer Dimension von Millionen von Jahren vereinten, verklebten, verklumpten zu einer festen Masse und in die Umlaufbahn dieser Sonne gerieten. Irgendwann wurde die Masse zu Stein und Eis, wurde zum Körper, zum Ball, zur Erde, zu einem Raum, in dem Veränderung wie von selbst geschah. Es entstanden Meere und eine Vegetation. Es bildeten sich Einzeller und damit entstand das Leben. Es entwickelten sich Fische, Amphibien, Reptilien, Säugetiere und im weiteren Primaten und Hominiden. Daraus ging vor rund 200 000 Jahren der Homo sapiens hervor, der sich aufmachte, diese Erde in Länge und Breite zu besiedeln.

Seit ihrer Entstehung umkreist die Erde diese Sonne, zehrt von ihrer Wärme, lässt sich bescheinen von ihrem Licht, wendet auch dem Mond stets eine Seite zu. Was wir als unveränderbare Tatsache auffassen, das ist eine faszinierende Konstante. Alles andere aber ist Wandel, wie sonst wäre Evolution möglich? Wir würden wahrscheinlich noch immer von Baum zu Baum klettern, mit den Zähnen Nussschalen knacken und Schreilaute von uns geben wie die Hominiden vor 1,5 Millionen Jahren.

Viel ist seit jener Explosion passiert! Und doch ist in Betrachtung aller verflossenen Zeit der Wandel nie rasanter gewesen als heute. Dauerte es zum Beispiel von der Erfindung der Keilschrift durch die Sumerer über die Erfindung des Alphabets bis hin zum Buchdruck vier, fünf Jahrtausende, so benötigten die Menschen im digitalen Zeitalter für die Speicherung nahezu aller Schriften rund 30 Jahre! Wir können uns kaum vorstellen, dass Entwicklungen in diesem Tempo fortschreiten. Aber aller Wahrscheinlichkeit nach wird das, was kommt, unsere heutige Fantasie von Zukunft sogar übersteigen. Aktuell klettert das Datenvolumen von Big Data um täglich 2,5 Trillionen Byte. (1) 90 Prozent dieser Daten im World Wide Web sind in den vergangenen zwei Jahren, also seit 2015, generiert worden. Wenn wir von einem weiteren exponentiellen Wachstum der Daten ausgehen, dann hören die meisten von uns an dieser Stelle auf zu rechnen, denn diese Dimension erzeugt Stress! Wir wissen, dass viele Manager, besonders im Mittelstand, bislang kein Konzept für die Datenanalyse und die Datennutzung kennen. Ihnen fehlt auf der einen Seite die Erfahrung und auf der anderen Seite hemmen Richtlinien das Handeln. Besonders diejenigen, die eher zu einer Beziehungsstärke von Mensch zu Mensch tendieren, für die Algorithmen keine Essenz der unternehmerischen Kultur darstellen, die leiden unter dieser digitalen Entwicklung. In der Klinik, in der psychologischen Beratung von schmerzgeplagten Managern, sind Worte zu hören wie: »Ich fühle mich bedrängt, überrannt, ich finde keine Ruhe mehr.« Irgendwann wurde die Reizüberflutung zu hoch, nahm die 24-Stunden-Erreichbarkeit auch den letzten Schutzraum für Entspannung.

Wenn wir mit Managern nach Lösungen zur Stressminimierung im Alltag suchen, dann haben die Klagen der Führungskräfte nahezu denselben Tenor: Projekte sind kurz getaktet, die Arbeitswege sind zu 90 Prozent digital, die Erreichbarkeit ist losgelöst von Raum und Zeit. Partner, Kollegen, Mitarbeiter begegnen sich in virtuellen Plattformen und von der Auftragserteilung bis zum Vertrieb sind die Prozesse elektronisch geregelt. Zahlreiche Manager halten die Veränderung wie folgt fest:

- Laptop statt Besprechungstisch,
- Avatar statt Sekretärin,
- elektronische Post statt Papier,
- 24-Stunden-Ansprache statt Kernarbeitszeit,
- digitale Kalender- und Notizprogramme statt eines Kalenders in der Tasche,
- Datenlösungen statt Kundengespräche,

- virtuelle Begegnung statt eines Gespräches von Mensch zu Mensch.

»Stimmt«, sagen wir, »nur können Sie den Wandel in der Arbeitswelt nicht aufhalten. Sie würden gegen Windmühlen kämpfen. Besser ist es, in diesem Konglomerat von Neuerungen jene Aufgaben zu finden, die zum persönlichen Temperament passen, damit die Seele nicht leidet.« Deshalb suchen wir nach den Stärken des Managers und achten gleichzeitig auf seine Stresssignale.

Wir fragen uns:

- An welcher Stelle blüht er auf?
- Wann erhält er Aufmerksamkeit und Lob?
- Wann gelingen Aufgaben ohne Anstrengung?
- An welcher Stelle beginnt er zu kämpfen und wann verliert er seine Leichtigkeit?

Die Antworten bilden die Parameter für die persönliche Zielbildung ohne Stress. Denn es reicht nicht mehr aus, einzig nach dem SMART-Modell zu planen. Was heute spezifisch, messbar, attraktiv, realistisch und terminiert ist, das kann morgen schon überholt sein. Dieses Wissen schürt die Angst. So benötigen wir das Respektieren der eigenen Seele, um nicht in unpassenden Aufgaben zu ertrinken. Wenn ein Manager keinen Abperleffekt trainiert hat, dann wird die moderne Arbeitswelt zu einem Spießrutenlauf. Man wird zum Getriebenen statt zum Gestalter. Mit diesen Perspektiven beschäftigte sich auch John P. Kotter, ein amerikanischer Professor für Change-Management an der Harvard Business School. Auch er weist auf die Brisanz der aktuellen Veränderungen in der Arbeitswelt hin. Nach seiner Ansicht ist mehr Gelassenheit, mehr Kreativität und Freude am Wandel nötig, damit dieser gelingen kann. Im Mittelstandsportal für Manager (2) pointiert er: »70 Prozent aller Change-Projekte scheitern, die meisten bereits in der Anfangsphase. (…) Verantwortlich für die niedrige Erfolgsquote sind hauptsächlich zwei Faktoren: Der Widerstand gegen die Veränderung unter den Mitarbeitern und das Zurückfallen in alte Muster. Nicht die Technik, sondern der Mensch stellt also das größte Hindernis für den Wandel dar.« Deshalb wollen wir nicht in das allgemeine Klagen einstimmen, sondern Folgendes zu bedenken geben: Wo Handwerk, Technik und Wissenschaft voranschreiten, da entstehen wirtschaftliche Erfolge, und wo Erfolge sind, da erhöhen sich die Chancen im Leben.

Das Lotusblütenblatt der Akzeptanz will herausfinden, wo Sie Ihr Potenzial ausschöpfen und wo Sie es verschleudern. Es zeigt, wo Gelassenheit sinnvoll ist und wo sich eine Veränderung im Sinne einer persönlichen Entwicklung lohnt.

Dazu nehmen wir die Überlegungen des Franz von Assisi als Grundlage, weil in unserer atemlosen Zeit die Gelassenheit wie ein Zauber wirkt.

## Sine glossa – ohne Veränderung

Franz von Assisi, der Gründer des Franziskanerordens, Errichter von Kirchen und Heiliger der römisch-katholischen Kirche, war ein Mann, der seine Seele schützte. In eine reiche Familie geboren, fühlte er sich zu Mildtätigkeiten berufen. Zwar wollte sein Vater ihn als Kaufmann sehen, ermöglichte ihm Bildung und Unternehmertum, aber Franz schien für diese Art von Bildung keinen Ehrgeiz zu spüren. Im Gegenteil. Munter verteilte er das Geld des Vaters, ließ es einfließen in den Bau der Kirche San Damiano im heutigen Assisi, dem Ort, der also später seinen Namen tragen sollte. Der Vater entrüstete sich über dieses Gebaren des Sohnes und ließ ihn kurzerhand vor Gericht laden. Der Verschwendung an Geld musste Einhalt geboten werden, mochte er gewettert haben. Franz war uneinsichtig. Er setzte gar ein Zeichen gegen den Vater und entkleidete sich, so die Überlieferung, vor den Richtern. Symbolisch nackt wollte er zukünftig sein, sich des Geldes und Erbes entledigen. Er wollte nicht gegen den Vater kämpfen, sich nicht rechtfertigen oder gar verbiegen. Fortan lebte Franz als Bettelmönch und sein Gebet aus der ersten Dekade des 13. Jahrhunderts streift noch immer die Gemüter: Getreu nach seinem Motto – sine glossa – lautet es: »Herr, gib mir die Kraft, die Dinge zu ändern, die ich ändern kann, die Gelassenheit, das Unabänderliche zu ertragen und die Weisheit, zwischen diesen beiden Dingen die rechte Entscheidung zu treffen.«

### Selbstentscheider sein

Mit diesem Gebet des Franz von Assisi lassen Sie Dinge ziehen, die Ihnen zu viel Energie abtrotzen. Stattdessen fokussieren Sie sich auf das, was Sie lösen können, was Sie schätzen. Sie differenzieren, indem Sie sich fragen: Was kann ich verändern und was nicht? Um diese Sortierarbeit vorzunehmen, empfehlen wir Ihnen, in einer stillen Stunde gedanklich durch Ihre Problemwelt zu reisen.

- Beschreiben Sie Ihr drängendstes Problem in wenigen Sätzen.
- Was können Sie persönlich beitragen, um diese spezielle Situation zu ändern?
- Wen oder was brauchen Sie, um Ihre Situation zu verändern?
- Wie werden Sie sich fühlen, wenn Sie Ihr Problem gelöst haben?

Treffen Sie Ihre Entscheidung für eine Veränderung bewusst! Seien Sie bereit, mit den Konsequenzen zu leben. Sagen Sie sich: Ich will die Veränderung und werde mit all meiner Kraft und Freude daran arbeiten. Ich werde erfolgreich sein. Wenn Sie täglich eine Stunde im Stau stehen und sich bewusst gegen das Nutzen öffentlicher Verkehrsmittel entscheiden, dann bleibt Ihnen nur die Kündigung dieses Jobs oder das Akzeptieren des Staus. Wie immer Sie sich entscheiden, stehen Sie dazu. Mit dieser Geisteshaltung minimieren Sie den Stress und geben sich selbst das gute Gefühl, ein Selbstentscheider zu sein wie Assisi, der sich gegen den Reichtum des Vaters entschied und damit für seine eigene Vorstellung vom Leben.

## Akzeptanzregel 1: Innehalten und aushalten

Das Lotusblütenblatt der Akzeptanz beinhaltet den Appell, bei einer Veränderung innezuhalten, auszuhalten, die Situation körperlich zu ertragen und gedanklich zu verarbeiten. Dann erst kann das Gehirn nach Erfahrungswerten suchen und Gefühle entwickeln, um eine Lösung zu entwerfen.

Man hat bei Menschen, die schwere Schicksalsschläge erlitten haben, die zum Beispiel durch den Tod eines Partners in eine seelische Tiefe gerissen wurden, Folgendes festgestellt: Erst kommt der Schock, dann die innere Abwehr. Das geht mit heftigen Emotionen einher. Der Widerstand gegen den Schicksalsschlag kann derartig groß sein, dass die Realität ausgeblendet wird und der Betroffene sich in eine Parallelwelt flüchtet, in der der Partner noch an seiner Seite ist. Es bleibt in diesen Fällen nur zu hoffen, dass er bald zu einer rationalen Einsicht zurückfindet und der Wahrheit ins Auge blickt. Denn mit dieser Einsicht bricht er seinen inneren Widerstand. Genau in diesem Moment spannt sich der Stoff der Psyche zwischen Vernunft und Gefühl wieder straffer und der Betroffene kann sein Schicksal akzeptieren. Nun agiert er auf der logischen Bewusstseinsebene, hat die Abwehr, die Trauer, die Hoffnung wieder in seiner Hand und damit kann in ihm die Idee von einer veränderten Zukunft wachsen. Diese verschiedenen Phasen aus Schock, Abwehr sowie rationaler und emotionaler Akzeptanz sind von individueller Länge. Manche Menschen benötigen für diesen Bewältigungsprozess wenige Wochen, andere verharren in den ersten Phasen ein Leben lang.

## Akzeptanzregel 2: Loslassen und weiterdenken

Es gibt Menschen, die sagen sich: Ich lasse los – und sie tun es auch. Sie empfinden Schmerz, aber sie zerpflücken ihn nicht. Dieser empfundene Schmerz kann sich im Übrigen nicht nur auf körperlicher, sondern auch auf psychischer Ebene abspielen. Denn tatsächlich ist es längst bewiesen: Sie aktivieren Ihr Schmerzzentrum bei psychischer

Sorge und Belastung. Sie nehmen also Ihren Schmerz wahr, den körperlichen *oder* den psychischen, Sie betrachten ihn und verabschieden sich von ihm. Sie sagen sich: Dieser Schmerz wird eine Spur in mir hinterlassen, aber ich gebe ihm nicht die Macht über jegliche Gedanken und Gefühle. Ihr innerer Widerstand dauert eine gewisse Zeit, vielleicht Wochen oder Monate, aber dann akzeptieren Sie die veränderte Situation und sagen sich: »Ich schließe Frieden. Was mir widerfahren ist, hat mir den Boden unter den Füßen fast weggerissen. Aber es wird nicht besser, wenn ich in Gram versinke und hilflos bleibe. Ich muss anerkennen, was ist, den Schmerz zulassen und verarbeiten, ich muss wieder nach vorne sehen.«

Andere aber hadern endlos mit sich und dem Schicksal. Es mutet an, als würden sie niemals wieder Frieden mit sich selbst oder ihrer Lebenssituation schließen können. Davor möchten wir an dieser Stelle warnen: Menschen, die in der Phase des Widerstands feststecken, benötigen eine professionelle Begleitung durch einen Coach, der sich auf Krisenintervention spezialisiert hat, oder durch einen Psychologen. Es ist wichtig, eine nicht veränderbare Situation zu akzeptieren, bevor die Seele, die Psyche, in einem tiefen Leid dauerhaft versinkt. Wir kennen Manager, die einen Jobverlust nicht akzeptierten. Sie kämpften um diesen verlorenen Job vor Gericht, sie bündelten ihre gesamte Energie auf ein zum Scheitern verurteiltes Projekt und vergaßen darüber, sich neue Chancenfelder in einem anderen Unternehmen zu erschließen. Irgendwann gingen sie ausgebrannt und orientierungslos in Frührente, um dort weitere Jahre ihres Lebens zu verjammern.

Die Beweggründe für ein Nichtakzeptieren können unterschiedlicher Art sein. Sie bestehen aus Wut, Zorn, aus der Suche nach Aufmerksamkeit, aus einem fehlenden Plan von Alternativen. Es kann ebenso ein Hilferuf nach Aufmerksamkeit, nach Bestätigung, nach einer Harmonie im Inneren und Äußeren sein. Oftmals ist das Jammern die Flucht in eine Opferrolle oder das Zögern vor dem großen unbekannten Nichts. Und doch gilt immer: Wer Dinge, die unveränderbar sind, nicht akzeptiert, der landet im Starrsinn.

***Schuld sind die anderen***

*Walter Rosenberg leidet unter Rückenschmerzen. Sein Hausarzt hat ihm eine manuelle Therapie sowie Schmerzmittel verschrieben: »Stressbedingt«, lautet die vage Diagnose. »Wir sehen uns in sechs Wochen wieder. Bis dahin erholen Sie sich, bewegen sich moderat und treten Sie einfach kürzer.« Aber von Ruhe hält Walter Rosenberg nichts. Die sei eine Bremse für Erfolg, und er verlangt eine Überweisung zu einem Orthopäden. Der untersucht Walter, bemängelt die schwache Muskulatur und empfiehlt Walter Rosenberg, zwei Mal wöchentlich ein leichtes Ausdauertraining und Muskelaufbau. Freundlich klopft er Walter auf die Schulter: »Haben Sie Geduld. Ich verschreibe Ihnen erst mal ein Schmerzmittel. Ich überweise Sie zur weiteren Diagnostik zum Radiologen. Machen Sie ein MRT, dann sehen wir uns wieder.«*

*Walter Rosenberg kehrt einige Wochen später mit den Bildern aus dem MRT in der Hand in die Praxis zurück. Auf den Bildern ist keine ausreichende Schädigung sichtbar, die die massiven Schmerzen erklären würden. Walter ist unzufrieden: »Mir ist Ihre Diagnose zu ungenau. Woher kommen die Schmerzen? Warum zeigt das MRT nichts Eindeutiges?« Der Arzt wippt mit dem Kopf: »Schwer zu sagen, das kann viele Ursachen haben, wahrscheinlich eine Fehlhaltung durch Stress. Sie verspannen und gehen in eine ungesunde Körperhaltung. Das wiederum führt zu einer steigenden Körperspannung, diese fördert degenerative Veränderungen und das verursacht weitere Schmerzen. Ihr Schmerz wiederum steigert Ihre Körperspannung und das wiederum den Schmerz. Sie stecken in einem Teufelskreis aus Stress, Spannung und Schmerzen. Was Sie brauchen, das ist Zeit, Ruhe und Entspannung sowie Physiotherapie und moderate Bewegung als Ausgleich. Und dann ist es wichtig, dass Sie über regelmäßiges Training Ihre Muskulatur stärken.«*

*Walter nimmt keinen Folgetermin wahr. Weitere Wochen vergehen, in denen er nicht müde wird, auf die Unfähigkeit der Ärzte zu schimpfen. Währenddessen steigt der Schmerzpegel an. Keine Nacht, die er durchschläft, kein Tag, den er ohne Medikamente verbringt. An Ruhe und Entspannung denkt er nicht. Im Gegenteil. Er steigert sogar das Tempo, um den Schmerz zu besiegen – bis ihn massivster Schmerz in die Knie zwingt. Für Walter sind die Ärzte schuld an seinem Dilemma, denn nun folgt eine lange Zeit in einer Spezialklinik mit anschließender Reha. Einen Behandlungsplan für die Zeit nach der Reha, der aus Physiotherapie, Entspannungsübungen, Gerätetraining und*

*Empfehlungen zum Zeitmanagement besteht, verweigert er nach wie vor. »Nichts Handfestes«, so sein Kommentar. »Weder von Worten noch von Plänen werde ich gesund. Überhaupt wäre das alles nicht passiert, wenn die Ärzte mich früher an renommierte Spezialisten überwiesen hätten statt die Antistressprogramme zu beten!« Für Walter vergehen drei Reha-Wochen ungenutzt mit Schimpfen und Verweigern. Er hat sich weder auf Entspannungsübungen noch auf ein Gerätetraining eingelassen. Die aktuellen Möglichkeiten der Schmerzbewältigung durch Training, Entspannung, Muskelaufbau und Stressreduktion interessierten ihn nicht, denn Walter war steckengeblieben in seinen Schuldzuweisungen.*

Aus der Schmerzforschung aber weiß man, dass fehlende Veränderungsbereitschaft einen Chronifizierungsfaktor darstellt. Durch fehlende Veränderungsbereitschaft dauert der Schmerz an und als Folge bildet sich das Schmerzgedächtnis aus. Das bedeutet konkret, dass der Schmerz im Gedächtnis gespeichert wird wie ein Programm auf dem Computer. Negative Gedanken blockieren dann zusätzlich die Heilung. Es ist, als würde ein Stau entstehen, durch den die Endorphine nicht mehr dringen. Die Stimmung sackt auf den Nullpunkt und die Vernunft ebenso. An diesem Punkt leidet die Psyche, weil dunkle Gedanken ihr die Leichtigkeit nehmen und weil Stressoren übermächtig wirken.

Stellen Sie sich für einen Moment die Reaktionen von Walter Rosenberg anders vor: Der massive Schmerz sowie die Diagnose des Orthopäden und der ergänzende Befund des Radiologen würden ihn zunächst beunruhigen: »Das ist furchtbar. Diese schlimmen Schmerzen und kein klarer Befund! Wer kann mir nur helfen? Werde ich überhaupt wieder gesund und leistungsfähig sein? «

Walter würde keine Zeit mit dem Hinterfragen der ärztlichen Empfehlungen vergeuden. Um sich abzusichern, würde er vielleicht eine Zweitmeinung einholen. Er würde sich nicht mit Hadern oder Lamentieren aufhalten. Und dennoch würde sich in ihm wahrscheinlich eine tiefe Traurigkeit breit machen und auch die Frage, warum er die Warnsignale übersehen hätte. In den folgenden Tagen schon würde in ihm der Entschluss wachsen, nun alles daranzusetzen, um wieder gesund zu werden. Er würde dem Plan der Ärzte folgen, würde ihnen vertrauen, dass sie das Beste für ihn wünschten. Walter würde nicht hadern, sondern handeln. Das Absolvieren seines Heilungsplans nähme er ernst und damit richtete er den Fokus seiner Gedanken auf das Gesunden. Er würde später sagen: »Alles hat seinen Sinn. Durch dieses Alarmzeichen meines Körpers habe ich die Notbremse gezogen. Heute arbeite ich nach einem Zeitplan, der mich in seiner Dichte an Terminen nicht mehr erschlägt. Ich baue Zeitfenster für mich ein, in denen ich meine Arbeit reflektiere. Ich nehme mir Zeit für Sport und Entspannung. Heute weiß ich, jeder Stressgedanke hinterlässt störende Spuren in meinem Gedächtnis, deshalb denke ich positiv.« Natürlich würde Walter Rosenberg diese Einsicht nicht über Nacht gewinnen. Ein Zickzack-Spiel der Gedanken würde über Tage und Wochen hinweg andauern, bis er wieder ein Wohlgefühl in sich spürte.

Die Akzeptanz ist die Basis für jegliche Veränderung und sie ist ebenso der Punkt, an dem sich Stress entschleunigt. Sie spüren wieder den Fluss der Energie. Ihre gesamte Körper- und Geisteshaltung öffnet sich für das, was kommen mag. Die Voraussetzung für diese heilende Haltung ist das Wissen um die eigenen Stressoren. Dort, wo Sie empfindlich reagieren, weil Gefühle Kapriolen schlagen, dort müssen Sie gelassen bleiben!

> Zu sagen: »Es ist, wie es ist« markiert den Anfang der Stressbewältigung nach der Lotus-Strategie.

## Stressorensuche

***Fünf-Minuten-Gedanken nach Assisi***

Nehmen Sie einen Stift zur Hand und konzentrieren Sie sich auf die Stressauslöser und die Belastungen in Ihrem Alltag. Bitte beachten Sie, dass Ihr Stress bei der folgenden Gedankenreise stärker werden kann, weil Sie sich mental mit Ihren Stressoren befassen. Das soll Sie nicht beunruhigen, denn es ist nur ein Gedankenspiel. Versuchen Sie, entspannt und ruhig zu bleiben.

Spüren Sie zunächst in den Körper hinein, in den Bereich von Brust und Bauch und Hals.

Wenn Sie mögen, schließen Sie dabei die Augen.

Lauschen Sie nach innen.

Sie spüren vielleicht Angenehmes und Unangenehmes in Ihrem Körper.

Lassen Sie beides zu, das Angenehme wie das Unangenehme.

Seien Sie freundlich zu allen Ihren Empfindungen und schenken Sie ihnen Ihre Aufmerksamkeit.

Seien Sie ohne Erwartungen.

Wenden Sie sich nun Ihren Gedanken zu, Ihren inneren Bildern.

Was hat Sie in der letzten Woche belastet?

Gibt es ein Ärgernis, das Sie fortwährend quält?

Gibt es einen Konflikt, der Sie nachts nicht schlafen lässt?

Nehmen Sie es – das Ärgernis, den Konflikt, den Stressor – und geben ihm einen Namen oder verknüpfen Sie es mit einem passenden Bild. Schreiben Sie auf, was Sie bewegt.

Und nun wandern Sie weiter durch Ihre Gedanken. Durch das

Erlebte der vergangenen Tage, der vergangenen Woche, des vergangenen Monats. Welche Belastungen gab es noch?

Notieren Sie alles, was Ihnen einfällt.

Vielleicht spüren Sie nun Verspannungen und auch Ihre negativen Gefühle werden stärker. Lassen Sie sie da sein. Bewerten Sie Ihre Gedanken und Gefühle nicht. Beachten Sie Ihre inneren Wahrnehmungen freundlich, nehmen Sie sie an.

Notieren Sie Ihre Gedanken wertneutral. Sie sind der Wissenschaftler und Ihre Gedanken und Erinnerungen sind das Forschungsobjekt.

Sammeln Sie weiter.

Welche Erlebnisse gab es noch?

Was stresst Sie privat und beruflich?

Ihre Stressoren können konkrete Erlebnisse, Sachverhalte, Ereignisse, vielleicht Personen im beruflichen oder familiären Umfeld sein oder angstvolle Gedanken, die Sie im Alltag nicht loslassen wollen.

Notieren Sie alles, was Ihnen in den Sinn kommt. Benennen Sie Ihre Stressoren ganz konkret. Was immer Sie fühlen, es ist richtig.

Beenden Sie diese gedankliche Übung erst, wenn Sie es als angemessen empfinden. Meist reichen fünf Minuten, manchmal benötigen Sie eine längere Zeit.

Wiederholen Sie diese Übung in den kommenden sieben Tagen drei Mal und ergänzen Sie Ihre persönliche Stressorenliste.

Sehen Sie sich die Liste Ihrer Stressoren aus der emotionalen Distanz an und versuchen Sie nun, die Leitlinie von Assisi auf sich wirken zu lassen.

Welche Dinge sind unveränderbar?

Womit müssen Sie lernen zu leben?

Was müssen Sie loslassen?

Welche Dinge sind zu gewissen Teilen veränderbar?

Wo können Sie handeln?

Wo können Sie Schritte gehen oder Lösungen einleiten?

Mit dem Wissen um Ihre Stressoren beginnen Sie, einen neuen, einen besseren Weg zu zeichnen. Diese gedankliche Skizze mag erst mit Bleistiftumrissen entstehen, sie mag eine erste Idee sein, wie sich Ihr Leben verändern kann. Mit jedem weiteren Schritt werden Sie eine weitere Kontur hinzufügen, die Ihre Seele stärkt. Das ist gleichsam der Auftakt zum Kernstück der Akzeptanzstrategie: die Stressanalyse.

## Stressanalyse

Wenn wir die Dinge akzeptieren müssen, weil wir sie nicht ändern können, dann hilft uns innere Gelassenheit. Das heißt natürlich nicht, dass wir Stress und Belastungen für gut befinden sollten. Es bedeutet, dass wir lernen sollten, mit der Situation klar zu kommen, den Stress auszuhalten und mit der Belastung erfolgreich umzugehen.

Damit Ihnen das gelingt, sollten Sie sich Zeit nehmen, Ihre Belastungen und zentralen Stresssituationen genauer zu analysieren.

Sammeln Sie dazu Ihre Stressauslöser. Wir hoffen, dass Sie durch unsere Fünf-Minuten-Gedankenreise nach Assisi Ihre persönliche Stressorensammlung vervollständigen können. Auch unser Stresstypentest (siehe Seite 47) mag Ihnen erste Überlegungen dazu geliefert haben.

Ihnen wird bei Ihrer Stressorensammlung vielleicht auffallen, dass sich ein dominanter Stressor in einer Vielzahl von Situationen zeigt. So wird sich beispielsweise die Thematik, dass es Ihnen schwer fällt, Nein zu sagen, sowohl in beruflichen Überlastungssituationen, in dem Sie jeder Bitte von Kollegen nachgeben und dadurch unter einem übervollen Schreibtisch leiden, als auch im privaten Kontext bemerkbar machen, weil Sie nicht nur die Funktion des Elternbeirats in der Schule des Sohnes übernommen haben, sondern auch das Sommerfest im Sportverein bereitwillig organisieren und gleichzeitig einen Freund beim Hausbau mit Ihrem handwerklichen Geschick unterstützen.

Für eine effektive Stressanalyse ist es durchaus hilfreich, die einzelnen Situationen, in denen das Problem auftritt, aufzuschreiben.

Für die folgende Analyse wählen Sie bitte eine bestimmte Situation aus, mit der Sie sich nun weiter beschäftigen möchten. Bitte führen Sie Ihre persönliche Stressanalyse nach folgendem beschriebenen Schema durch. Selbstverständlich können Sie weitere Stressanalysen für weitere Stresssituationen durchführen. Stressanalysen von zwei bis vier Stresssituationen sind oft hilfreich und durchaus zu empfehlen. Wahrscheinlich werden Sie dabei Überschneidungen feststellen. Seien Sie gewiss: Mit jeder Stressanalyse werden Sie Ihren persönlichen Stressauslösern ein Stück mehr auf die Spur kommen.

| **Stressanalyse** | |
|---|---|
| **Stresssituation** | Was ist die stressauslösende Situation?<br>Was passiert wann, wo und mit wem? |
| **Innerer Dialog** | Welche Gedanken kommen Ihnen in den Sinn?<br>Welche Selbstgespräche führen Sie? |
| **Emotionale Reaktion** | Welche Gefühle nehmen Sie wahr? Sind Sie beispielsweise wütend, enttäuscht, ängstlich oder traurig? Schämen Sie sich? Fühlen Sie sich hilflos? |
| **Verhaltensbezogene Reaktion** | Wie verhalten Sie sich in dieser Situation? |
| **Körperliche Reaktion** | Welche Körperreaktionen nehmen Sie wahr? |
| **Folgen aus der Situation** | Was macht die Situation im Nachgang mit Ihnen?<br>Welche Nachwirkungen hat die Situation? |

Literatur

(1) Quelle: https://digitaler-mittelstand.de/business/ratgeber/change-management-8-phasen-nach-john-p-kotter-7090. Zugegriffen am 27.7.2017

(2) Quelle: http://blog.wiwo.de/look-at-it/2015/04/22/big-data-25-trillionen-byte-daten-jeden-tag-wachst-vier-mal-schneller-als-weltwirtschaft/. Zugegriffen am 14.1.2018

Raum für Ihre Gedanken

# Blütenblatt 1 – Akzeptanz

1 Was möchten Sie verändern, um wirklich zufrieden zu sein?
2 Was können Sie loslassen, um sich im Alltag leichter zu fühlen?
3 Was werden Sie einfach akzeptieren, weil es nicht zu ändern ist?

Nehmen Sie sich in den nächsten Tagen wenige Minuten Zeit, um über diese drei Fragen nachzudenken. Schreiben Sie auf, wenn Sie den Impuls dafür spüren.

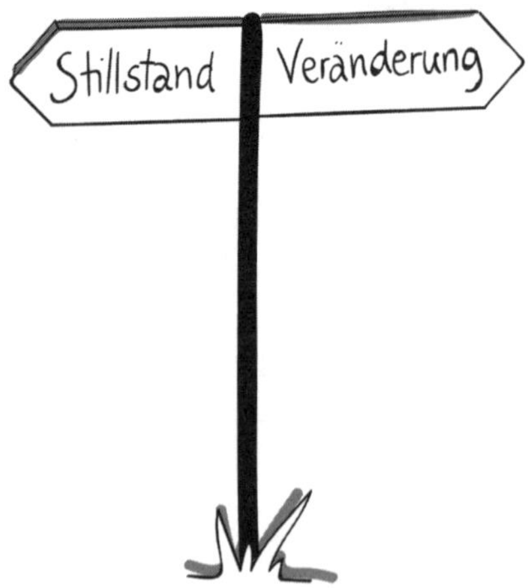
Stillstand
Veränderung

# KAPITEL 5
# BLÜTENBLATT 2
# VERÄNDERUNG
## SICHERHEIT WAR GESTERN

Öffne der Veränderung die Arme, aber verliere dabei deine Werte nicht aus den Augen.

*Dalai Lama*

Hätte Ihnen vor dreißig Jahren ein Forscher gesagt, dass das Gold der Zukunft aus Daten bestünde, Sie hätten gelacht. Hätte der Forscher Ihnen weiter erklärt, dass diese Daten sich derart schnell vermehrten, dass sie die Sandkörner der Erde um ein Vielfaches überstiegen, Sie hätten seine Fantasie bewundert. Und wenn er dann von der exponenziellen Datenvermehrung geschwärmt und das Ergebnis mit 40 Zettabyte beziffert hätte, dann wäre Ihr Unterkiefer heruntergeklappt: »Mit dieser Größe«, wäre Ihr Einwand gewesen, »arbeiten Science-Fiction-Drehbuchautoren und keine Manager.« Heute aber wissen wir, dass eine Zahl mit 21 Nullen die Daten der Welt beschreibt und diese Zahl sich im Zweijahresrhythmus verdoppelt. Dank der Digitalisierung, der vierten Revolution in der Menschheitsgeschichte, dürfen wir Zeugen eines rasanten Wandels sein, den es in dieser Dimension zuvor nie gab. Das ist aufregend. Das ist herausfordernd. Das erzeugt Stress.

Aktuell lösen sich die gewohnten Strukturen auf: Grenzenlose Möglichkeiten setzen sich über Kulturen hinweg. Die Zeit verschmilzt zur Gegenwart. Unabhängig von Tag oder Nacht, von Arbeit oder Privatleben sind Menschen zur Kommunikation fähig. Durch die Nutzung neuer Technologien werden Worte und Vorlieben verschlüsselt und in Algorithmen gepresst. Der Mensch wird transparent. Die Linie zwischen Work und Life verblasst. Wer agil und flexibel ist, wer interkulturell denkt und in schnellen Zeittakten handelt, der scheint als Manager gefragt zu sein. Und doch fehlt die Substanz hinter dem Anspruch! Eine Studie der Boyden Global Executive Search in Kooperation mit der EBS Business School bestätigt, was Manager nicht auszusprechen wagen: »Acht von zehn Führungskräften (81 Prozent) hierzulande glauben, dass sie nur bedingt auf die Herausforderungen der Digitalisierung vorbereitet sind.« (1). Sie übernehmen ihre Verantwortung für das Gelingen des Wandels – und fühlen sich hilflos. Sie empfinden Stress, weil sie auf bewährte Konzepte nicht zurückgreifen können. Sie befürchten, dass morgen schon überholt sein könnte, was sie heute denken. Sie haben Angst, die Komplexität der Aufgaben nicht mehr zu durchdringen. Das wundert uns nicht! Auch wenn sich die Technologie verändert, so bleibt der Mensch doch ein Gewohnheitstier. Er mag von Innovationen fasziniert sein, aber tief in ihm sitzt eine Sehnsucht, an Bestehendem festzuhalten.

Der Mensch mag Rituale, will Traditionen pflegen. Er braucht Erfahrung und Einsicht, bis sich in seinem Gehirn tragfähige Verschaltungen bauen, um diese Neuheit unserer Zeit als Reichtum zu erfahren. Es liegt in der menschlichen Natur, die Dinge wirken zu lassen, bevor sie zum Selbstverständnis werden. Nur lässt die Digitalisierung dazu keine Zeit. Wo sich früher mit Muße ein innerer Raum für Kreativität und eine eigene Lösungsfindung auftat, dort flackert heute das Internet samt seiner Suchmaschinen. Wo früher ein Schulterklopfen und Lachen unter Freunden war, dort blinken heute in sozialen Netzwerken Emojis auf und damit werden auch Freunde zu Daten und Daten zu Freunden. Und ein Klick reicht aus, sie wieder aus unserem Leben zu verbannen. *Beliebigkeit* ist wohl das treffende Wort, wenn User in den sozialen und beruflichen Netzwerken Freunde sammeln wie kleine virtuelle Pokale.

Wohin die Veränderung uns weiter treibt, wissen wir nicht. Würde heute wieder ein Forscher vor uns stehen und erzählen, wie diese Welt in den nächsten dreißig Jahren aussähe, dann würden wir wahrscheinlich ebenso staunen wie zuvor. Und damit wird klar: Wir werden diese Unsicherheiten als Alltäglichkeit begreifen müssen, werden sie unserem Lebensgepäck hinzufügen und eine Angst vor dem, was kommt, mit uns schleppen. Deshalb ist unser Plädoyer in diesem Kapitel: Fließen Sie mit dem digitalen Wandel. Sie können ihn sowieso nicht aufhalten. Nehmen Sie ihn als Herausforderung an Ihre Kreativität an. Denn dort, wo traditionelle Standards nicht mehr wirken, können Sie als Manager selbst gestalten, ausprobieren, Fehler machen und neu starten. Das kann ein Energie- und Karrieretreiber erster Güte sein. Verändern sollten Sie nur, was Ihre eigenen Lebensfelder betrifft. Dort lohnt sich jede Arbeit, jeder kleine Kniff, der zu mehr Zufriedenheit fühlt. Dort sind Sie der Entwickler und besitzen die Freiheit eines Künstlers, um sich zu sagen: »Ich zeichne mein Leben mit den Materialien, den Farben, den Motiven, die mir gefallen.«

Uns als Stressforscherinnen geht es darum, Ihren persönlichen Stress zu minimieren, also im Kleinen zu wirken. Am großen Rad zu drehen und Dinge aufhalten zu wollen, die Sie am Ende nicht beeinflussen können, würde unserer Lotus-Strategie zuwiderlaufen. Es ist mitunter für uns frustrierend zu sehen, wie viele Manager genau diesen Ansatz verfolgen: Sie arbeiten sich an Themen ab, die außerhalb ihres

Wirkungsbereiches liegen. Erinnern Sie sich an das erste Blütenblatt der Akzeptanz. Manches müssen wir akzeptieren, weil wir es nicht ändern können. Ändern können wir nur, was unseren eigenen Handlungsrahmen betrifft. Wir können unsere Werte und Haltung, unser Denken und Fühlen hinterfragen. Woran Sie erkennen, was der Änderung würdig ist? Ganz einfach, Sie empfinden Schmerz.

## Guten Morgen, Schmerz

Nach dem Motto: Ein bekannter Schmerz ist besser als die große Ungewissheit, sind Menschen bereit, eine Veränderung zu vermeiden. Sie verschieben eine Operation. Sie verharren in ungünstigen Beziehungen. Sie setzen sich Mobbing aus. Sie wachen morgens mit dem Gefühl des zu erwartenden Schmerzes auf und tragen ihn mit sich durch die Tage, wohlwissend, er wird niemals von selbst verschwinden. Man könnte sagen, sie haben sich in einer traurigen Weise mit dem Leid arrangiert.

Schon die Vorstellung von einer Veränderung erzeugt Angst, aber es ist wichtig, sich dieser Angst zu stellen, sie auszuhalten. Eine Operation, die sinnvoll ist, wird die Lebensqualität erhöhen. Sich aus schädlichen Beziehungen zu befreien, wird das Selbstwertgefühl steigern. Sich aus den unsäglichen Verquickungen eines Mobbingumfeldes herauszuwagen, kann zum Aufblühen der Stärken in einem neuen förderlichen Umfeld führen. Um eine schmerzvolle Lebenssituation zu verändern, ist es wichtig, die Emotionen zur Seite zu schieben. Nicht die Angst darf das Handeln leiten, nicht die Traurigkeit den Schmerz verkapseln. Vielmehr geht es darum, eine Situation mit Kühle und Sachlichkeit zu betrachten.

Egal wie groß Ihre Angst vor einer Veränderung aktuell ist, lassen Sie von dieser Angst los, indem Sie sich vorstellen, dass Sie der Forscher in einem Projekt sind. Betrachten Sie die Gesamtheit des Problems und zerlegen Sie es in sämtliche Details. Wägen Sie ab: Bringt die angestrebte Veränderung mehr Nutzen als Schaden? Dann ist sie richtig und notwendig. Lassen Sie in diesem Gedankenspiel einer Veränderung keine Emotionen zu, denn Emotionen verschleiern den Blick auf die Wahrheit.

## Der Dreiklang der Veränderung

Wenn wir das Blütenblatt der Veränderung betrachten, sehen wir, dass es aus drei Phasen besteht:

1. Analyse der Lebensfelder,
2. Veränderung schmerzhafter Bereiche,
3. Schritte zu neuen Zielen setzen.

### Veränderungsregel 1: Analyse als Panoramabild

Wir halten wenig davon, nach dem Prinzip Gießkanne eine Veränderung herbeizuführen. Weder führt das launenhafte Reagieren zum Ziel, noch ist ein Aktionismus angebracht. Wer wirklich eine sinnvolle Lösung für seine Probleme sucht, der muss sich zunächst einer harten Aufgabe stellen: dem Zeichnen und Betrachten seiner gesamten Lebenssituation. Achtung, das kann schmerzen! Aber dieser Schmerz ist nur kurz, wird sich nicht chronifizieren. Wir werden ihn aushalten, benennen und ziehen lassen, weil wir fast zeitgleich ein Gegenmittel entwerfen. Deshalb möchten wir mit Ihnen zunächst das gesamte Panoramabild Ihrer Aufgaben entwerfen. Wir betrachten Ihren Beruf ebenso wie Ihr Privatleben, um einen realistischen Status quo zu erhalten. Durch diese sorgfältige Analyse ordnen Sie Ihre innere und äußere Welt, Sie bringen Struktur in das, was sich im Stress oft wie ein Knäuel aus Problemen darstellt. Dabei kann es auch passieren, dass Sie bei der folgenden Analyse zu dem Schluss kommen, dass eine Veränderung Ihnen nicht gut tun würde, dass das Festhalten an alten Gewohnheiten für Sie sinnvoller ist.

Was immer Sie mit der folgenden Methode des Mindmaps für sich herausfinden werden, Sie werden Ihre Situation sachlich und fernab von stresstreibenden Emotionen betrachten.

## Mindmap oder Ich in der Mitte

Das Mindmap ist eine kreative Form, um eine Situation zu zeichnen. Es fügt Ihrem Wissen und Ihrer Logik eine fantasievolle Komponente hinzu. Denn das Mindmap triggert die rechte Gehirnhälfte. Dort, wo Ihre Kreativität wohnt, tauchen Sie ein.

Wählen Sie dazu eine stille Stunde aus, achten Sie auf eine entspannte Atmosphäre. Nehmen Sie bunte Stifte zur Hand und zeichnen Sie in die Mitte eines Blattes Papier (am besten im DIN-A1-Format) mit dicken Buchstaben ein einziges Wort: Ich.

Um dieses Ich herum werden sich die Felder und Pfade sortieren, die durch Ihren Alltag führen. Sie werden Ihre Ideen und Wünsche, Ihre Visionen zeichnen, um dieses Bild zu dem zu machen, was es sein soll, nämlich Ihre persönliche Vorstellung von Zufriedenheit.

Folgen Sie dem Beispiel auf Seite 105.

**Legende zum nachfolgenden Mindmap:**

| | |
|---|---|
| runde Felder | Ebene 1<br>Lebensthemen, in denen ich mich bewege |
| gestrichelte wolkige Felder | Ebene 2<br>Stress, hier muss ich etwas verändern |
| durchgezogene Linien in Form von wolkigen Feldern | Ebene 3<br>Freude und Zufriedenheit, hier muss ich nichts verändern |

ICH
Kinder
beide Kinder sind gesund
geben mir Kraft
Marie: gut in der Schule, macht mich stolz
Max: schlechte Noten, versetzungsgefährdet
Eltern
Vater krank, Pflegefall
Schwieriges Verhältnis zur Mutter
Mutter unterstützt in der Kinderbetreuung
Partner
Permanente Konflikte
zeigt kein Verständnis für meine Überstunden
Gesundheit
immer müde
Rückenschmerzen
esse ungesund, weil es immer schnell gehen muss
Sport/Freizeit
Vorfreude auf Sommerurlaub
Sehe meine Freunde zu selten
Komme nicht dazu, ins Lauftraining zu gehen
Wohnen/Finanzen
gute finanzielle Rücklagen
Druck, Haus abbezahlen zu müssen
Job
gutes Einkommen
Hoher Work-load
Chef lässt mich nicht weiter kommen
Kollege spielt miese politische Spiele, weil er meinen Job will

Das Mindmap zeigt Ihnen die Störfelder auf, die Stress erzeugen. Lassen Sie diese auf sich wirken. Eine Veränderung bedarf der Zeit und vor allem der Einsicht. Besonders die Macher unter Ihnen neigen dazu, die Ärmel hochzukrempeln und im Schnellverfahren die Änderungen zu bewerkstelligen. Wir halten davon nicht viel. Wer voreilig losrennt, der kann außer Atem geraten und manchmal sogar den eigenen Weg seiner Stärken verlassen. Deshalb raten wir Ihnen an dieser Stelle zu einer besonnenen Reflexion, indem Sie sich fragen:

**Welche Punkte kann ich verändern und welche muss ich akzeptieren?** Sie können sich nicht allen Umständen anpassen, dazu fehlen Ihnen die Fähigkeiten, die Kraft und der Wille. Nicht jede Veränderung passt zu Ihren Stärken und stimmt mit Ihren Werten überein. Es kann eine Lösung sein, Dinge ruhen zu lassen und ihnen gelassen zu begegnen. Diese Einstellung wird Sie vor einem Veränderungsdruck und einem weiteren Stress bewahren.

**Welche Veränderung gibt mir Ruhe, Gelassenheit und die Chance auf den nächsten Karriereschritt?** Wo eine Veränderung Ihre Lebensqualität verbessern wird, da ist sie sinnvoll. Versuchen Sie auch sachlich zu bleiben, in dem Sie Situationen konkret bewerten und die Konsequenzen einer Veränderung vorhersehen.

**Was müsste passieren, damit Sie eine positive Veränderung herbeiführen könnten?** Oft sind es nur kleine Drehungen an den Alltagsstellschrauben, um ein gesamtes System zu beeinflussen. Finden Sie diese Drehung! Wenn Sie wie auf unserem Beispiel-Mindmap im Bereich Gesundheit feststellen, dass Sie seit Monaten keine Zeit für Sport finden, dann planen Sie ab sofort zwei Mal wöchentlich eine halbe Stunde für Walken oder Joggen ein. Sie müssen keinen Jahresvertrag im Fitness-Studio unterschrieben und auch keine Golfausrüstung kaufen. Sportschuhe anziehen und loslaufen, das meinen wir mit einer Veränderung in kleinen Schritten.

**Können Sie Ihre angestrebten positiven Veränderungen allein herbeiführen oder benötigen Sie Unterstützung?** Wenn Sie beispielsweise einen kranken Elternteil pflegen und diese Pflege aufwändig und kräftezehrend ist, dann sollten Sie das ändern! Organisieren Sie eine zusätzliche Pflege, ob zu Hause oder in einer Einrichtung, um Entlastung zu finden. Niemand gewinnt, wenn Ihre Leistungskraft und Ihre Zuversicht im Leben nachlassen, weil Sie eine stressige Situation nicht verändern.

**Was ist die Konsequenz aus Ihrer Veränderung?** Eine Veränderung hat Einfluss auf weitere Bereiche in Ihrem Leben. Der nächste Karriereschritt kann Ihren privaten Raum weiter einschränken, kann mit Dienstreisen oder gar Umzug verbunden sein. Wollen Sie das? Sind Sie bereit, Abstriche bei privaten Vorlieben zu machen? Möchten Sie wirklich Mitarbeiterverantwortung übernehmen und sich für die Entwicklung der Einzelnen im Team engagieren? Auf den ersten Blick klingt eine Veränderung manchmal verführerisch, auf den zweiten aber erfordert sie persönliche Opfer.

**Tipp:** Schauen Sie fünf Minuten konzentriert auf Ihr Mindmap. Nehmen Sie die Verzweigungen und Verbindungen der einzelnen Lebensfelder wahr und stellen Sie sich vor, wie es wäre, würden Sie einen Bereich aus dem Bild herausnehmen und in den Mittelpunkt Ihres Denken und Handeln stellen. Welche Auswirkungen hätte das auf die anderen Lebensfelder und wie fühlen sich diese Auswirkungen in Ihrem Herzen an?

Erst an dieser Stelle fügen wir der Sachlichkeit die Emotionen hinzu. Hier wird der Analytiker wieder zu einem Mensch mit Sehnsüchten und der Frage: Wie kann ich sie ausleben im Beruf und im Privaten?

### Mit einem Ziel aus der Verzweiflung

*Wir erinnern uns an einen jungen Manager, nennen wir ihn Julian, der in einem Konzern eine Blitzkarriere starten wollte. Julians Traum war ein Platz in der oberen Führungsebene. Als IT-Experte mit einer hohen Auffassungsgabe schien sich dieser Wunsch zu verwirklichen, war doch die Digitalisierung der Knackpunkt in der Konzernstrategie. Man suchte nach Lösungen und vertraute dem jungen eloquenten Mann, der Fachwissen und Kreativität mit Leichtigkeit verband. Nach zwei Jahren war er Leiter der IT-Abteilung und nach einem weiteren Jahr bot man ihm die Stellvertretung des Konzerncontrollings an. Julian, kaum 40 Jahre und auf zweiter Führungsebene angelangt, sagte mit einem Flattern in der Stimme zu: Er fühle sich geehrt durch dieses Vertrauen und wollte alles daran setzen, erfolgreich zu sein. Bald klopfte man ihm wieder auf die Schulter, weil auch in dieser neuen Abteilung die Kennzahlen stimmten, weil auch hier die Mitarbeiter motivierter erschienen und die Ziele transparent. Nur zu Hause erhielt er keinen Applaus. Seine Frau war unglücklich über diese Karriere, hatten beide doch entschieden, bald zu dritt zu sein, mit einem Kind ihr Leben zu bereichern. Dieses Ziel verlor Julian aus den Augen. Es hatte weder Priorität noch Attraktivität für ihn. Um den Vorwürfen seiner Frau auszuweichen, zog er sich abends an seinen Schreibtisch im Haus zurück. Er wollte sich nicht rechtfertigen für das, was ihm wie nichts anderes am Herzen lag: die Karriere. Den ständigen Streit versuchte er mit Wein zu ertragen, und irgendwann kam seine Frau nur noch selten nach Hause. Die Einsamkeit wurde sein Schmerz. Zwei Flaschen am Abend waren nötig, um diesem Schmerz die Schärfe zu nehmen. Tagsüber plagten ihn Kopfschmerzen, abends grübelte er und fand keinen Schlaf. Ihm unterliefen Fehler im Controlling, die Kennzahlen gingen zurück. Und irgendwann zitierte sein Chef ihn zu einem Vieraugengespräch. Da war die Stimmung kühl zwischen beiden und der Ton harsch: Seine Leistung ließe nach und es hielte sich das Gerücht, er wäre ein Trinker. Überhaupt wäre von der alten Gewissenhaftigkeit und Durchsetzungsfähigkeit nur noch ein Schatten übrig. »Ich gebe Ihnen drei Wochen Zeit, Ihre Schwierigkeiten zu bereinigen. Ansonsten biete ich Ihnen einen Aufhebungsvertrag an. Weder Gerüchte noch schlechte Zahlen kann der Konzern sich leisten. Merken Sie sich das!«*

*Julian war geschockt über diese Härte. In den nächsten Tagen versank er in eine tiefe Verzweiflung. Selbst als seine Frau endgültig die Koffer packte, saß er apathisch mit einer Flasche Wein am Tisch. Tage später erst regte sich ein Impuls in ihm, er müsse etwas in seinem Leben verändern. Er entschied sich für ein Coaching in der Krise, in dem er unter anderem seine Lebenssituation als Mindmap zeichnen sollte. Der Blick auf dieses Panorama der zerstörten Wünsche schmerzte sehr. Aber er hielt es aus, ließ die Analyse wirken. Nach einigen Stunden intensiven Coachings entschied er sich, den Faden seiner Karriere wieder aufzunehmen. Mit diesem Ziel begann die Rettung seines Jobs, die Ehe aber hatte er verloren.*

Wir wollen Sie mit diesem zweiten Blütenblatt der Veränderung zur Langsamkeit verführen. Entwickeln Sie zunächst eine Vorstellungskraft von einem neuen Ziel, bevor Sie handeln.

### Veränderungsregel 3: Stürzen, aufstehen, weitergehen

Zwar wird das Setzen von Zielen in Ihrem Beruf zu Ihrem Alltag gehören, aber Achtung: diese Ziele, die Sie täglich verfolgen, entspringen oft Managementstandards wie dem SMART-Modell, einem wirkungsvollen Tool, um Ziele spezifisch, messbar, attraktiv, realistisch und terminiert zu formulieren. Wir wollen aber mit dem Lotusblütenblatt der Veränderung anderes erreichen. Wir wollen, dass Sie Ihre eigenen Gedankenräume betreten und auch außergewöhnliche Ziele erkennen und diese in kleinen Schritten gehen. Dazu leihen wir uns eine Methode aus, die Hochleistungssportler in ihrem Training implementieren. Sie ist als Mental-Coaching bekannt und weist beeindruckende Ergebnisse auf. Was wie Zauber klingt, besteht aus nur einem Bestreben: Aus der Stärke der eigenen Fantasie zu schöpfen und sich vorzustellen, wie ein Erfolg sich anfühlt, wie er riecht, aussieht, wie er in die Zellen kriecht und von dort in Körper und Geist strahlt. Nach dem einfachen Grundsatz des Philosophen Ralph Waldo Emerson »Jeder Handlung geht ein Gedanke voraus« wächst ein Raum in Ihrem Bewusstsein, in dem Sie sich fernab von Kritik entfalten können. Es ist Ihr Fantasieraum, in dem alles, was Sie sich wünschen, möglich wird. In dem Buch »Selbstvertrauen« schrieb Emerson: »Jedem klingt die Stimme des Geistes vertraut, und das höchste Verdienst, das wir Plato, Moses und Milton zuschreiben, ist, dass sie Bücher und Traditionen hintansetzten und aussprachen, nicht was die Leute, sondern, was sie selbst dachten.« (2) In diesem Sinne bitten wir Sie: Lassen Sie Ihr Mindmap wirken und entscheiden Sie aus der Tiefe Ihrer Fantasie, was Sie in Ihrem Leben verändern wollen, um zufrieden zu sein.

***Mindmap brachte die Erkenntnis***

*Für Julian war es übrigens schockierend, als ihm sein Mindmap spiegelte, wie zerstört sein Privatleben war. Er erkannte, dass er in eine deftige Alkoholabhängigkeit zu schlittern drohte und mit der Leitung von zwei Abteilungen überfordert war. Was er zunächst änderte, war die schädliche Gewohnheit des einsamen Trinkens am Abend. Er ersetzte diese Zeit durch Sport und achtete mit Strenge auf genügend Schlaf. Er gab die Leitung des Controllings wieder ab. Dadurch gewann er Zeit für Freunde. Er sah, dass das Drehen an der einen Stellschraube weitere Wirkungen auf sein gesamtes System im Alltag hatte. Mittlerweile hat er seinen Lebensmut wiedergefunden, seine Karriere gesichert und zu einem weiteren Ziel bewusst ja gesagt: Seine neue Freundin ist schwanger und er freut sich auf das Kind. Persönliche Ziele, das weiß er heute, können nicht oktroyiert werden, sie müssen die Linie Bauch – Herz – Verstand straffen, um sich rundum gut und stimmig anzufühlen. Julian hat während seiner Zeit der Veränderung übrigens oft seinen gedanklichen Raum betreten. Er hat sich vorgestellt, wie es sich anfühlt, wenn er ein Kind im Arm hält, wenn er es tröstet, streichelt, füttert, wenn er es wachsen sieht. Er hat gedanklich an den Haaren des Babys geschnüffelt, hat sein Weinen, Lachen, seinen späteren Trotz gespürt. Er hat Fürsorge und Erschöpfung, hat Stolz und manchen Ärger empfunden, er hat eine lange Wegstrecke über rund zwanzig Jahre Verantwortung vorhergesehen und am Ende diese Türe seines Gedankenraumes mit einem klaren Ja zu seinem Kind wieder geschlossen.*

Mentaltraining beginnt vor dem ersten Schritt zum Ziel. Es wirft den Lichtstrahl auf jeden einzelnen Meter, der vor Ihnen liegt. Sie sammeln Ergebnisse, Erfolge, Sie akzeptieren Niederlagen. Sie brechen Ihr Handeln auf die Gegenwart herunter. Nicht das große Ergebnis in der Zukunft zählt, sondern jeder kleine Schritt auf Ihrem persönlichen Weg. Oliver Kahn, der ehemalige Fußballnationaltorwart, umschrieb diese Art der Zielerreichung wie folgt: »Je besser die eigene Vorbereitung, mental wie physisch, auf ein Spiel ist, desto größer ist die Sicherheit, mit der wir ins Spiel gehen. Dann haben Selbstzweifel und Ängste kaum eine Chance (…) Mache ich nach zwei Minuten einen eklatanten Fehler, gilt es dennoch, weitere 90 Minuten zu spielen, den Fehler abzuhaken und das weitere Agieren davon nicht überschatten zu lassen.« (3)

## Zwei Arten von Zielen

Im Business arbeiten Sie meist mit Ergebniszielen. Die Zahl am Jahresende zählt, daran lassen Sie sich messen. Im Stressreduzierungsprogramm aber empfehlen wir Ihnen eine andere Art der Zielformulierung, nämlich das Definieren von Handlungen. Handlungsziele sind kleinteilig, konkret und positiv. Sie versprechen eine sofortige Messbarkeit und erlauben den Ökocheck mit der Frage: »Welche Konsequenz hat der nächste Schritt für mich persönlich?«

- Sie sagen nicht: »Ich will mehr Zeit für meine Familie.« Sondern Sie sagen: »Sonntags schalte ich Smartphone und Computer aus, betrete mein Büro nicht. Ich bin acht Stunden ansprechbar, unternehmensbereit und setze mich von 14 bis 15 Uhr auf den Teppich ins Zimmer meines kleinen Sohnes und spiele mit ihm mit den Playmobilfiguren.«
- Sie sagen nicht: »Ich möchte meinen Feierabend nicht mehr für berufliche Termine opfern.« Sondern Sie terminieren den wöchentlichen Jour-fixe mit Ihren Mitarbeitern, welcher jeden Montag um 17 Uhr stattfindet und meistens länger als geplant dauert, nun auf Montagmorgen von 9.15 bis 9.45 Uhr.
- Sie sagen nicht: »Ich mache mehr Sport.« Sondern Sie melden sich im Fitnessstudio an und belegen Dienstag und Donnerstag von 20 bis 21 Uhr einen Spinningkurs.

Handlungsziele fügen sich ohne langfristige Planung in Ihren Terminkalender ein. Sie dienen einer Veränderung in kleinen Schritten und geben Ihnen das gute Gefühl, selbst zu bestimmen.

### Sechs Fragen vor dem Weg

Eine Veränderung reduziert Ihren Stress, wenn Sie sich als Gestalter fühlen. Deshalb stellen Sie Ihre Motive und Ihre Haltung in den Mittelpunkt.

Um herauszufinden, ob eine Veränderung wirklich zu Ihrer Vision vom Leben und zu Ihrer Persönlichkeit passt, haben wir für Sie sechs Entscheidungsschritte entworfen:

1. Was möchten Sie verändern?
2. Welche positive Entwicklung erwarten Sie durch diese Veränderung?
3. Welche konkreten Schritte sind für diese Veränderung nötig?
4. Welche Hindernisse entdecken Sie auf dem Weg zum Ziel und wie können Sie diese umgehen?
5. Welche Einwände und Widerstände drohen aus Ihrer Umwelt und wie können Sie diese ausräumen?
6. Was ist der kleinste Schritt, den Sie sich zum Ziel setzen können?

Gehen Sie los.

## Literatur

(1) Quelle: https://www.boyden.com/media/leadership-in-der-digitalen-welt-boyden-studie-2017-1787791/index.html?_ga=2.256256386.882430165.1502817582-1425612547.1502817582. Zugegriffen am 15.8.2017
(2) Emerson, Ralph Waldo: »Selbstvertrauen«. 2014. FV Editions, Aigle
(3) Heimsoeth, Antje: »Sportmentaltraining«. 2015. Pietsch, Stuttgart

## Raum für Ihre Gedanken

# Blütenblatt 2 – Veränderung

1 Was belastet Sie im Beruf, in der Familie, in der Freizeit?
2 Was können Sie jetzt tun, um diese Belastung zu minimieren?

Jeder kleine Schritt in eine veränderte Richtung steigert Ihre Selbstfürsorge. Sie übernehmen augenblicklich die Verantwortung für Ihre Zufriedenheit. Schieben Sie nicht auf, handeln Sie, soweit es Ihre Kraft erlaubt.

Entwickeln Sie erste Schritte zur Optimierung.

Meine Werte

KAPITEL 6

# BLÜTENBLATT 3 WERTE

# DAS INNERE KIND SOLL LÄCHELN

Ich denke viel an die Zukunft, weil das der Ort ist, wo ich den Rest meines Lebens zubringen werde.

*Woody Allen*

Kaum etwas prägt einen Menschen mehr als die Sätze aus der Kindheit. Sie sind wie Grundsteine für das Leben, auf die sich alles Weitere baut. Bereits in der pränatalen Phase finden sie Eingang in das Gehirn und werden in den ersten sechs Lebensjahren mit jeder Wiederholung stabilisiert. Kinder saugen diese frühen Sätze der anderen in sich auf. Sie haben noch keine Abwehr, keine Möglichkeit der Interpretation. Alles wird zur Wahrheit, zu einem Richtungsgeber für das Denken, Fühlen, Handeln. In diesen ersten Jahren – Experten sprechen von der Phase des Primärhabitus – zementiert sich, was Eltern, Erzieher, Lehrer behaupten, wird zum Leitfaden, was sie loben oder kritisieren.

Zunächst wimmeln die Sätze durch das Großhirn und machen sich als Erfahrung breit. Dann wandern sie weiter ins limbische System, um sich dort als Emotion zu verankern. So entstehen in der Kindheit Schicht um Schicht die Glaubenssätze, die irgendwann zu einem unbewussten Gradmesser werden. Glück hat, dessen Glaubenssätze sich aus Wohlwollen formieren. Probleme hat, wer die Last der unschönen Worte mit sich schleppt:

»Nichts gelingt dir.«
»Nichts bringst du zu Ende.«
»Andere sind besser als du.«
»Du enttäuschst mich immer wieder.«
»Du sollst nicht widersprechen.«
»Du hast nur Flausen im Kopf. So wird nie etwas aus dir werden.«

Daraus entwickelt sich ein Selbstbild, dessen Farben derart kräftig sind, dass sie sogar die reellen Erfolge eines Erwachsenen übertünchen:

»Ich bin nicht gut genug.«
»Der nächste Karriereschritt steht mir nicht zu.«
»Ich muss mich anpassen.«
»Ich habe kein Recht, geliebt zu werden.«
»Ich bin nichts wert.«
»Meine Träume werden sich nie erfüllen.«

Glaubenssätze beeinflussen den Lebensweg eines Menschen, weil sie sich zu einem impliziten Wissen verfestigen. Sie werden trainiert, für wahr empfunden und bilden die Basis der Gefühlswelt. Sie sind automatisch abrufbar und damit werden sie gefährlich. Wenn Sie vor einer Rede vor dreihundert Zuschauern die Aufmunterung Ihres Chefs hören, dass Sie auf großer Bühne brillant sind, dass er an Sie glaubt und dass Sie Ihr Können bereits bewiesen haben, dann wird dieser Zuspruch dennoch an Ihnen abprallen wie ein Blitz von einem Stahlkäfig. Ihr Herz wird rasen und der Angstschweiß sichtbar. Das Lampenfieber wird heftig, weil der böse Satz Ihrer Kindheit sich in Ihren Frontallappen schiebt und groß wie die roten Lettern der Bild-Zeitung leuchtet: »Du hast keine Ausstrahlung, keine Stimme, du kannst nicht reden.«

Klingt aussichtslos? Ja und nein! Auf der einen Seite gibt es leider kein Trial and Error für die Erinnerungen, kein Löschen von all dem, was uns nicht behagt. Aber es gibt einen anderen Weg, um sich selbst zu finden, um neue, positive Sätze zu etablieren, die wie eine Abwehr gegen das wirken, was Menschen an der Entfaltung des eigenen Potenzials hindert. Es gibt ein bewusstes Umprogrammieren von Glaubenssätzen, die uns als Kinder zugerufen wurden und die seither in einer subtilen Weise in uns gären und uns in Sekundenschnelle in einen Stresszustand bringen. Darauf richten wir mit dem dritten Blütenblatt der Lotus-Strategie die Aufmerksamkeit.

## So ist es, so bleibt es?

In der Mitte des 20. Jahrhunderts stellte der kanadische Psychiater Eric Berne die Hypothese auf, dass Menschen durch die Sätze ihrer einst erziehenden Personen, das heißt meist den eigenen Eltern, bis an das Lebensende beeinflusst werden und darunter leiden, wenn diese Sätze verletzend waren. Ein einziger Reiz reichte nach seiner Ansicht, um wieder zu denken und zu fühlen wie in Kindertagen. Um ein solches Muster zu durchbrechen, zeigte er auf, wie ein Erwachsener agieren kann, um sich selbst wertschätzend zu begegnen. Seine These lautete etwa wie folgt: Die Psyche des Menschen vereint *drei Ichs.* Jeder Mensch greift auf das Kind-Ich, Eltern-Ich und Erwachsenen-Ich zurück. Für Berne war dieses Wissen um die verschiedenen *Ichs* der Schlüssel zur Selbstbestimmtheit. Dass er damit richtig lag, bewies übrigens der Neurochirurg Wilder Penfield. Er gab Bernes Hypothese eine empirische Note: Penfield behandelte Epilepsie-Patienten, in dem er das Gehirngewebe der lokalnarkotisierten Männer und Frauen aktivierte. Dabei stellte er fest, dass die Patienten durch die elektrischen Reize wieder in ihre Kindheitserinnerungen zurückgeführt wurden. Allerdings war bemerkenswert, dass sie nicht nur die Bilder von längst vergangenen Begebenheiten sahen, sondern diese mit den Gefühlen von damals verbanden: »Der Patient«, schrieb Penfield, »empfindet wieder die Emotion, die ursprünglich die Situation in ihm bewirkt hatte und er ist sich der gleichen Interpretation bewusst, ob sie nun falsch oder richtig war, die er zuerst auf das Erlebnis anwandte. Darum ist eine hervorgerufene Erinnerung nicht die genaue photographische oder phonographische Reproduktion vergangener Ereignisse. Sie reproduziert das Ganze: was der Patient sah, hörte, fühlte und verstand.« (1)

Die Transaktionsanalyse wird bis heute von Therapeuten, Kommunikations- und Stressberatern genutzt, um Verletzungen aus der Kindheit zu heilen, um Konflikten in Beziehungen auf den Grund zu gehen, um Kommunikation in einer wertschätzenden Art und Weise zu gestalten. Sie ist als interdisziplinäre Methode anerkannt und wird doch stetig von Wissenschaftlern weiterentwickelt. Heute zeigen Gehirnforscher durch bildgebende Verfahren, mit welch massiver Körperreaktion Menschen auf ihre dunklen Glaubenssätze reagieren, wenn sie im Kind-Ich verharren. Sie werden von Stresshormonen geradezu überschwemmt, ihr Cortisolspiegel steigt und schlimmstenfalls, sollten sie in diesem hilflosen Kind-Ich verharren und der Stress aufrechterhalten werden, zerstört dieser Zustand die Nervenzellen und Synapsen.

**Transaktionsanalyse**

Im Prinzip besteht die Transaktionsanalyse aus einem Kernsatz: *Ich bin o.k. Du bist o.k.* Und sollte es Schwierigkeiten oder Konflikte geben, dann kann der Mensch diese aufgrund seiner Fähigkeiten lösen. Er ist in der Lage, sein Leben und seine Beziehungen positiv zu gestalten. Er äußert durch Worte, Tonalität, Gesten und Mimik, in welchem *Ich* er sich befindet – und er kann selbst entscheiden, wie er zwischen diesem Dreiklang wechselt:

1. *Das Eltern-Ich*
   Jeder Mensch trägt seine Eltern in sich. Sie waren Vorbilder, sie wurden imitiert, ihre Sätze hallen wie ein Echo nach. In diesem Ich-Rahmen finden zum Beispiel Fürsorge, Bevormundung oder Zurechtweisung statt.

2. *Das Kind-Ich*
   Hier leben Albernheit, Trotz und Übermut auf. Auch dieser Teil des Ichs bleibt im Erwachsenenalter wirksam.

3. *Das Erwachsenen-Ich*
   Wer auf dieser Grundlage agiert, der ist respektvoll, überlegen, weitsichtig, er wägt ab und ist sich der Konsequenzen seines Handelns und Fühlens bewusst.

Als Stresscoaches sagen wir: »Für Ihre Selbstentwicklung und Ihre Stresskompetenz ist es bedeutsam zu wissen, welches *Ich* in welchen Situationen Sie leitet.« Sie können entscheiden, wie Sie sich fühlen, was Sie denken, wie Sie handeln.

## Bei sich selbst ankommen

Sicherlich kennen Sie das vage Gefühl, dass Sie mehr leisten könnten, mehr Freude empfänden, Ihnen Dinge leichter fielen, würden Sie nur nicht unter den Gedankenkarussellen leiden, die Ihnen oft im Kopf kreisen, und Sie sich zum Beispiel sagen: »Ich muss perfekt sein!« Früher dachten Sie, nur wenn Sie perfekt wären, nur wenn Sie den Ansprüchen der anderen uneingeschränkt genügten, dann wären die Eltern stolz auf Sie und die Lehrer gäben Ihnen gute Noten. Leistung wurde für Sie zum Gradmesser für Liebe und Anerkennung. Später im Beruf, dem Einfluss von Eltern und Lehrern entwachsen, war dieses bange Wachen um Fehlerfreiheit längst zu Ihrem Muster geworden. Es hat sich im Gehirn verfestigt, weil Sie erfahren haben: »Sobald ich perfekt bin, werde ich geachtet.« Deshalb erzeugt der Gedanke daran, dass Ihnen ein Fehler passieren könnte, augenblicklich Stress. Das ist die Kehrseite Ihrer Fokussierung auf Perfektion: Sie haben Angst vor Fehlern. Sie grübeln auch dann noch, wenn eine Strategie längst abgesegnet, wenn ein technischer Defekt längst behoben, wenn die Finanzierung längst erarbeitet wurde.

Wie viel Lebensfreude und Leichtigkeit kann verlorengehen, wenn diese Stressspirale, deren Quelle alte Glaubenssätze sind, sich durch die Karriere zieht. Der Neurowissenschaftler Professor Joachim Bauer betont: »Wird eine aktuelle äußere Situation aufgrund von Vorerfahrungen in ähnlichen früheren Situationen von der Großhirnrinde und dem limbischen System als alarmierend eingeschätzt, so werden unter ›Federführung‹ des Mandelkerns (Corpus amygdaloideum), der zum limbischen System gehört, die Alarmzentren des Gehirns (Hypothalamus und Hirnstamm) aktiviert, die ihrerseits massive Körperreaktionen in Gang setzen.« (2). Diese Körperreaktion sind Herzrasen, Schweißausbrüche, Magen-Darm-Beschwerden und Ähnliches, alles typische Signale eines schädlichen Stresses.

Treibend ist aus unserer Sicht das Gefühl, vor einer inneren Wand zu stehen und das Meer der Möglichkeiten, das sich dahinter ausbreitet, nicht zu erreichen. Wir ahnen, was wir leisten könnten, aber der Weg zu diesem Potenzial ist versperrt. Dann steigt der Leidensdruck, dann wächst eine diffuse Wut und irgendwann setzen Erschöpfung und dann Resignation ein. An diesem Punkt gibt es keine Kraft mehr, um die starken Muster im Gehirn zu verändern. Und hier liegt die Crux, die wir in diesem Kapitel betonen wollen: Je länger Sie zögern, Ihre alten Glaubenssätze aufzulösen oder in positive Sätze zu verwandeln, desto mehr werden Sie sich in Ihrer Selbstentfaltung einschränken, weil Sie am Ende selbst glauben, was andere Ihnen fälschlicherweise zuflüsterten. Diese Haltung ist eine Schmerzvermeidungshaltung, ähnlich wie ein Patient, der aufgrund eines Bandscheibenvorfalls in eine Schonhaltung geht und mit gekrümmten Rücken läuft, weil ein Aufrichten Schmerz verursacht. Diese Schonhaltung wird zum Schmerzverstärker und Schmerz wird zum Dauerzustand. Besser ist es, den Kern des Schmerzes zu erkennen und zu eliminieren. Es mag sein, dass zunächst eine Unsicherheit besteht, dass eine neue Orientierung auch Rückschläge bedeutet. Kein Weg der Veränderung geschieht mit einem Paukenschlag der Glückseligkeit. Im Gegenteil, Glück und Zufriedenheit sind das Ergebnis einer Entschlusskraft und einer darauffolgenden anhaltenden Arbeit am eigenen Leben.

So lautet unser Tipp für Ihre Stresskompetenz beim dritten Blütenblatt: Identifizieren Sie Ihre hinderlichen Glaubenssätze und formulieren Sie sie positiv um. Am Ende des Kapitels erhalten Sie von uns dazu eine Anleitung.

## Wider die Hilflosigkeit

Nach der Lotus-Strategie ist es nicht ratsam, das Kind in sich mit Gewalt zum Schweigen zu bringen oder die Einflüsse der Eltern zu negieren. Das wäre so, als würden Sie Ihren Erinnerungen und Prägungen feindselig gegenüberstehen und ständig gegen sich selbst kämpfen. Was wir aber befürworten, das ist, Ihre inneren Anteile der Persönlichkeit in eine Balance zu bringen. Sie können den alten schädlichen Sätzen heute die Spitze nehmen, so dass sie nicht mehr schmerzen. Sie dürfen entscheiden, ob Sie auf den Satz Ihres Chefs »Mach keine Fehler!«

mit einem eingezogenen Kopf und dem Glaubenssatz aus Kindertagen reagieren, indem Sie denken: »Nichts gelingt mir, nichts trauen andere mir zu.« Oder ob Sie mit dem Eltern-Ich reagieren, das besagt: »Du musst perfekt sein und Fehler sind ein Makel.« Oder ob Sie diesen Satz mit Ihrem Erwachsenen-Ich beantworten: »Ich gebe mein Bestes« und damit den Impuls verspüren, Ihre Fähigkeiten ständig feinzuschleifen und im Sinne Ihrer Karriere einzusetzen.

***Alte Wunden heilen lassen***

*In unseren Führungskräfteseminaren spielen wir diese Rollen durch und nicht selten entsteht dabei eine erleichternde Heiterkeit. Wir erinnern uns an John Becker, einen Abteilungsleiter in einem Unternehmen für Medizintechnik. Er war gesegnet mit stark analytischen Anteilen in seiner Persönlichkeit, mit einem scharfen analytischen Verstand – und befand sich kurz vor dem nächsten Karriereschritt ins obere Management. Als er uns um eine Beratung bat, überraschte er uns mit dem Kommentar: »Ich stand schon drei Mal an dieser Schwelle. Aber letztendlich wurde immer ein anderer Kandidat bevorzugt. Immer bin ich am letzten Gespräch gescheitert.« Als er uns dann von seinem Karrierebogen erzählte, der aus besten Noten und Leistungen bestand, wunderte uns, dass er noch immer auf mittlerer Ebene feststeckte. Analytische Menschen haben die Gabe, ihre Zukunft detailgenau zu planen, Fehler und Stolpersteine vorherzusehen und diese mit Ruhe und Weitsicht beiseite zu räumen, bevor sie gefährlich werden. Sie gehen kaum ein Risiko ein, bedenken ihre Schritte und vor allem die Konsequenzen. Planen ist ihnen wichtig und Stress empfinden sie nur, wenn sie unter Zeitdruck geraten oder wenn andere ihre scharfsinnige Interpretation der Dinge nicht verstehen. Dass John mehrmals an gleicher Stelle versagte, das machte uns stutzig, das passte nicht zu seinem Werdegang. Wir vermuteten einen unentdeckten Glaubenssatz, der ihn am Erfolg hinderte – und trafen damit ins Schwarze.*

*John erinnerte sich an eine Schlüsselsituation. Er war fünf, als er sein Fahrrad auseinanderschraubte und in Einzelteile zerlegte. Stolz rief er nach seinem Vater, um ihm das Werk zu präsentieren. Was er erwartete, war Lob. Was er erhielt, war Entsetzen. Der Vater schrie: »John, was hast du getan? Was bist du für ein nichtsnutziger Junge.« Johns Stolz schmolz wie Eis im Schnee und ihm kullerten die Tränen über die Wange. »Ich baue es wieder zusammen.« beschwichtigte er den Vater mit dünner Stimme. Der aber sah ihn zornig an: »Das schaffst du nie! Du bringst sowieso nichts zu Ende, du überlegst nicht, bevor du handelst, du bist einfach zu dumm dazu.« Damit ließ er John alleine vor dem Berg der Einzelteile stehen. Seine Freude auf die Aufgabe hatte sich in Hilflosigkeit verwandelt und die Sätze schallten lange nach, bis heute.*

*Uns hatte diese Geschichte berührt. Wir machten John klar, dass er in schwierigen Situationen im Kind-Ich verharrte, dass er diese Hilflosigkeit wie einen Felsbrocken im Lebensgepäck mitschleppte. Wie viel Kraft dieser ruhige Mann aufgewendet haben musste, um eine bis dato beachtliche Karriere im mittleren Management hinzulegen! Aber nun reichte seine Kraft nicht mehr, die Stimme des Vaters wurde wieder laut: »Das schaffst du nie.«*

*In den folgenden Wochen nahmen wir ihm seine Last. Wir baten ihn, sich vorzustellen, um wie viel leichter sein Weg gewesen wäre, hätte sein Vater dem kleinen fünfjährigen John mit einem Schmunzeln um die Mundwinkel Mut gemacht. Dann hätte Humor das Vater-Sohn-Gespräch durchzogen: »Oh John, du kannst ein Fahrrad auseinanderbauen. Das ist toll. Ich bin gespannt, ob du es wieder zusammensetzen kannst. Das ist eine wirklich große Aufgabe. Und soll ich dir was verraten? Ich glaube, du schaffst das! Und wenn du mich brauchst, dann ruf mich einfach, dann machen wir das gemeinsam.« Diese Szene fühlt sich an wie Seide auf der Haut, schmeichelnd und zärtlich. Sie erzeugt ein Wohlgefühl von Kopf bis Fuß. Sie ist auf der Grundlage der Transaktionsanalyse formuliert, die besagt: Wir dürfen die alten Wunden heilen lassen und dürfen unsere Gedanken neu programmieren.*

Durch die neuen inneren Bilder und durch die Fokussierung zurückliegender Erfolge wurde John in den folgenden Wochen zum Umgestalter seiner Gedanken. Er ging mental in sein Erwachsenen-Ich. Er reflektierte die alten Geschichten, fügte ihnen seinen Scharfsinn hinzu und sagte sich: »Ich setze mir Ziele und ich habe das Vermögen an Willen und Wissen, um sie zu erreichen.«

Unser Gehirn braucht sechs Wochen, um solche Leistungen zu vollbringen. Dann sind die ersten hirnphysiologischen Grundlagen dafür gelegt, dass die alten Glaubenssätze aus der Kindheit das bleiben, was sie sein sollen: die Fehler der anderen. Dann entwickeln Menschen einen Sinn für ihre Fähigkeiten als Erwachsene, entdecken ihre Talente und Vorlieben und sagen sich: Ich will, ich kann, ich werde der, der ich bin. Dafür trainiere ich. Wie das gehen kann, das zeigen wir Ihnen in diesem Kapitel.

## Die Mitte zwischen den Extremen

Seine inneren stresstreibenden Sätze umzuformulieren bedeutet nicht, seiner Persönlichkeit andere Merkmale zu geben. Im Gegenteil. Wir wollen, dass Sie Ihre Persönlichkeitsstruktur erkennen und schätzen! Wir wollen, dass Sie daraus das Beste machen. Wenn Sie ein gewissenhafter Mensch sind, dann ist eben Gewissenhaftigkeit Ihre Stärke! Trainieren Sie sie, verfeinern Sie sie – aber übertreiben Sie nicht. Aus der Stärkenforschung wissen wir, dass übertriebene Stärken zur Schwäche werden. Dann wird Genauigkeit zum Perfektionismus, dann kippt die beste Absicht ins Negative und Sie entfernen sich von einem authentischen Auftreten. Diese Gefahr der Extreme verdeutlicht das Werte- und Entwicklungsquadrat des Kommunikationsexperten Friedrich Schulz von Thun, das besagt: In der Balance liegt Ihr Potenzial.

### Das Werte- und Entwicklungsquadrat

Um in einer inneren Balance zu bleiben und sich doch stetig selbst zu entwickeln, ist es wichtig, seine Stärke, seine besondere Eigenschaft zu kennen und zu benennen. Ebenso wichtig ist es, Entwicklungsfelder zu identifizieren und zu optimieren.

Das Werte- und Entwicklungsquadrat von Schulz von Thun ermöglicht uns dabei, die Entwicklungsrichtungen eines Menschen zu bestimmen. Sie können ein solches Werte- und Entwicklungsquadrat für sämtliche Stärken oder Schwächen beziehungsweise Tugenden oder Untugenden anfertigen.

Lassen Sie uns die Systematik an einem Beispiel veranschaulichen:

Eine Managerin mit übertriebenem Perfektionismus kontert unsere Empfehlung, den Glaubenssatz »Alles, was ich mache, muss perfekt sein« zu bearbeiten mit der Aussage: »Also, Nachlässigkeit kann ich mir aber gar nicht erlauben!« Sie ist also gedanklich von einem Extrem – Perfektionismus – ins andere Extrem – Nachlässigkeit – gerutscht. Sie befindet sich damit in einem Schwarz-Weiß-Denken, das eine Persönlichkeitsentwicklung unmöglich macht. Wir nehmen diese Sichtweise zur Kenntnis und veranschaulichen unserer Kundin die Schwarz-Weiß-Problematik über das angefertigte Werte- und Entwicklungsquadrat. Dadurch wird unserer Kundin die persönliche Entwicklungsrichtung deutlich, nämlich Fehlertoleranz und nicht Nachlässigkeit.

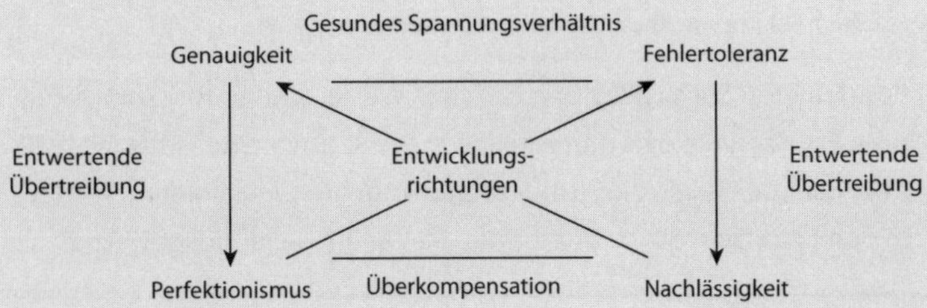


Im Werte- und Entwicklungsquadrat erkennen wir vier Begriffe, die in Beziehung zueinander stehen.

1. Die obere Linie enthält die Stärken beziehungsweise Tugenden, die sich in einer ausgewogenen Balance befinden sollten. Im vorliegenden Fall ist dies ein gesundes Spannungsverhältnis von Genauigkeit und Fehlertoleranz.
2. Nehmen wir die beiden Stärken und übertreiben sie in ihrer Ausprägung, erhalten wir die Schwächen Perfektionismus und Nachlässigkeit. Jede positive Eigenschaft kippt ins Negative, wenn man zu viel davon in sich trägt. Schulz von Thun spricht von einer entwertenden Übertreibung. Die positiven Eigenschaften geraten demnach in eine Dysbalance, sobald sie übertrieben ausgelebt werden. Dann driftet Vertrauen in naive Vertrauensseligkeit, Genauigkeit in Perfektionismus oder aus einer Fehlertoleranz wird im Extrem eine Nachlässigkeit.
3. Die untere Verbindung enthält also die Schwächen beziehungsweise Untugenden, denen wir entfliehen wollen. Leider wählen viele Menschen durch ihr Schwarz-Weiß-Denken oder durch eine gedankliche Überkompensation die Entwicklungsrichtung von einer Untugend zur nächsten, also in unserem Fall vom Perfektionismus in Richtung Nachlässigkeit.
4. Die Diagonalen zeigen uns die Entwicklungsrichtungen an. Unsere perfekte Managerin sollte ihre Genauigkeit beibehalten,

sich aber in Fehlertoleranz üben. Ebenso sollte sich eine nachlässige Person Richtung Genauigkeit, selbstverständlich unter Beibehaltung der Fehlertoleranz, entwickeln.

Siehe: »Miteinander Reden 2: Stile, Werte, Persönlichkeitsentwicklung« von Friedrich Schulz von Thun, 34. Auflage 2010, Hamburg. (3)

Konstruieren Sie sich Ihr persönliches Werte- und Entwicklungsquadrat. Ersetzen Sie den unteren linken Wert durch eine Schwachstelle Ihrer Persönlichkeit, die Sie bearbeiten möchten. Deklinieren Sie diese in den Extremen durch und finden Sie Ihr Entwicklungspotenzial.

Besonders Manager, die die Leitsätze eines Unternehmens verinnerlichen und vorleben müssen, vergessen oftmals sich zu fragen:

- Sind die Werte des Unternehmens weitgehend deckungsgleich mit meinen eigenen?
- Arbeite ich gegen meine Stärken?
- Trainiere ich aufgrund von Richtlinien und Vorgaben meine Schwächen und entferne mich von meinem Potenzial?
- Gebe ich meiner Selbstentwicklung genügend Raum oder handle ich nach Vorgaben von anderen?
- Bin ich authentisch oder agiere ich entgegen meiner Persönlichkeitsstruktur?

Unsere Werte leiten uns privat und beruflich, sie sind in uns verankert und können nicht verbogen werden, ohne Stress zu erzeugen. Diesem Druck, das merken wir in Krisengesprächen, ist niemand auf Dauer gewachsen. Zwar wird oftmals eine Plattitüde zur Selbstberuhigung gewählt: »Ich muss so handeln.« Oder: »Das ist nur ein Zwischenschritt auf der Karriereleiter.« Oder: »Äußerlich trage ich die Entscheidung mit, aber innerlich sieht es anders aus.« Oder: »Das ist mir eigentlich nicht wichtig. Ich kann zwischen den Umständen und meinen Überzeugungen differenzieren.« Stopp. Diese Sätze stehen der eigenen Fürsorge entgegen. Natürlich kann kein Manager absolut authentisch agieren. Sie werden auf den Takt in ihrem Team Rücksicht nehmen müssen, sie werden die Unternehmensziele mittragen müssen, sie werden zur

Rechenschaft gezogen für ihre Leistung und ihre Niederlagen. Aber dennoch sollten die grundlegenden Werte, die sie in sich tragen, durch ihr Handeln gespiegelt werden. Es geht darum, Kompromisse zu leben, die nicht schmerzen und die den Stress verhindern. Es geht um ein:

- konkretes Hinterfragen des eigenen Handelns,
- reflektiertes Wirken in Ihrem Erwachsenen-Ich,
- positives Umschreiben alter Glaubenssätze.

Als Hilfestellung haben wir analog zu unserem Stresstypentest in Kapitel 2 jeweils einen stressverstärkenden Glaubenssatz formuliert und ihn in einen stressmindernden Satz umgeschrieben. Erkennen Sie sich wieder? Finden Sie weitere Sätze und geben Sie ihnen eine freundliche Tonalität.

**Die Stresstypen und ihre beispielhaften Glaubenssätze**

| Stresstyp | Stressverstärkender Glaubenssatz | Stressmildernder Glaubenssatz |
|---|---|---|
| Der Hektiker | Nur inkompetente Menschen machen Pause. | Ich bin kompetent, auch wenn ich mich ausruhe. Denn das gibt mir neue Kraft und Energie. |
| | Je schneller ich diese Aufgabe erledigen kann, desto kompetenter bin ich. | Ich darf mir auch Zeit nehmen, um wichtige Aufgaben anzugehen. |
| Der Kümmerer | Ich darf nicht Nein sagen. | Ich richte mich mehr nach meinen Bedürfnissen aus, statt nur auf die Meinung anderer zu achten. |
| | Ich muss mich darum kümmern, dass es dem anderen wieder gut geht und darf nicht so egoistisch sein und immer nur an mich denken. | Ich darf mich auch um meine Bedürfnisse kümmern, damit es mir gut geht. |
| Der Perfektionist | Wenn ich eine Arbeit mache, dann immer exakt und fehlerfrei. | Nur in den wirklich wichtigen Aufgaben arbeite ich sehr gründlich. |
| | Ich muss auch im Arbeitsprozess meine Unterlagen perfekt aufbereitet haben. | Während eines Arbeitsprozesses dürfen die Unterlagen auch grob skizziert aussehen. Für die Feinarbeit habe ich am Schluss auch noch Zeit. |

| | | |
|---|---|---|
| Der Unabhängige | Ich bin hart im Nehmen. | Ich kann Gefühle zulassen und trotzdem stark sein. |
| | Ich muss es alleine schaffen. Hilfe anzunehmen heißt, dass ich jemandem etwas schulde. | Ich bin stark genug, um andere auch um Hilfe bitten zu können. |
| Der Kontrolltyp | Ich muss immer alles unter Kontrolle haben. | Ich lasse die Dinge los, die ich nicht im Griff haben kann. |
| | Ich muss das selbst erledigen, damit kein anderer zu viel Einfluss nimmt und ich die Kontrolle verliere. | Ich kann mehr leisten, wenn ich mit anderen zusammenarbeite. |
| Der Vermeider | Ich werde das nicht schaffen. | Mit jeder Herausforderung, die ich annehme, entwickle ich mich ein Stück weiter. |
| | Ich lasse es lieber gleich, bevor ich in eine Situation komme, in der ich nicht auf der Basis meiner Erfahrungen handeln kann. | Wenn ich neue Erfahrungen mache, gewinne ich mehr Kompetenz und entdecke Lösungswege, die mir sonst verschlossen geblieben wären. |
| Der Besondere | Nichtbeachtung ist die Hölle für mich. | Ich strahle, weil ich bin wie ich bin. |
| | Ich muss im Team besonders herausstechen, sonst nimmt mich keiner ernst. | Ich darf mich auch über ein sehr gutes Ergebnis freuen, bei dem ich gleichwertiger Teil des Teams war. |
| Der Dogmatische | Ich muss so lange auf andere einreden, bis ich sie überzeugt habe. | Ich bin in mir stabil, auch wenn Menschen um mich herum andere Einstellungen haben. |
| | Ich rege mich unglaublich auf, wenn Menschen eine Behauptung aufstellen, die gegen meine Überzeugung geht. | Ich kann andere Meinungen stehen lassen. Unterschiedliche Perspektiven können auch bereichernd sein. |
| Der Beste | Ich muss besser sein als die anderen. | Ich richte meine Leistung an mir selbst aus und nicht am Vergleich mit anderen. |
| | Ich kann nur geliebt werden, wenn ich außergewöhnlich gute Leistung bringe. | Ich bin es wert, so wie ich bin geliebt zu werden. |
| Der Skeptiker | Ich muss wachsam sein, damit mich andere nicht übervorteilen. | Ich trete Menschen unvoreingenommen gegenüber. |
| | Ich muss aufpassen, dass ich nicht übersehe, dass jemand mich hinterrücks zu torpedieren versucht. | Ich gebe Menschen eine Chance, mein Vertrauen zu gewinnen |

## Der Weg zum Erwachsenen-Ich

### *Eine Anleitung*

- Wenn Sie Ihren stressverstärkenden Glaubenssatz identifiziert haben, schreiben Sie ihn auf. Ihre Stressanalyse aus Kapitel 4 kann Sie dabei unterstützen. Im Rahmen der Stressanalyse haben Sie sich mit Ihren stressauslösenden Situationen befasst. Dabei haben Sie Ihre inneren Dialoge identifiziert. Diese inneren Dialoge geben uns meist eindeutige Hinweise auf unsere stresserzeugenden Glaubenssätze.
  Nun kann es sein, dass Sie mehrere Sätze identifiziert haben. Entscheiden Sie sich bitte für einen, mit dem Sie weiter arbeiten möchten.
- Entwickeln Sie nun eine Art »Gegenmittel«, indem Sie Ihren hinderlichen Glaubenssatz abmildern. Das wird Ihnen augenblicklich Erleichterung und Entlastung schenken. Es geht nicht darum, die eigenen Persönlichkeitsmerkmale zu verändern. Im Gegenteil. So wie Sie sind, sind Sie gut. Aber es geht darum, ein Abrutschen in die Extreme zu verhindern. Aus einem »Ich darf nicht Nein sagen« könnte werden: »Ich darf Nein sagen. Ich möchte meine eigenen Bedürfnisse wichtiger nehmen und deshalb anderen Grenzen setzen.«
- Wie kann es Ihnen gelingen, ein »Gegenmittel« zu finden? Folgende Techniken der kognitiven Umstrukturierung haben sich bewährt:
  *Relativieren:* Sie minimieren Ihre Stressbelastung, indem Sie die belastende Situation mit einem Ereignis vergleichen, dass weitaus schlimmer wäre. Sie können die belastende Situation ebenso vor den Hintergrund von etwas stellen, was weitaus wichtiger ist als die belastende Situation.
  *Ressourcenaktivierung:* Sie machen sich klar, dass Sie bereits ähnlich belastende Situationen bewältigt haben und sich zutrauen, auch diese Situation zu bewältigen. Sie konzentrieren sich also auf Ihre Stärken, Ihre Erfolge und Ihre Ressourcen (z. B. soziale Unterstützung).

*Distanzieren:* Sie bewahren innere Distanz, in dem Sie beispielsweise die Perspektive wechseln und die Situation aus einem anderen Blickwinkel betrachten. So können Sie die Stresssituation aus den Augen eines anderen sehen oder eine neue zeitliche Perspektive übernehmen, indem Sie sich verdeutlichen, wie Sie diese Situation beurteilen werden, wenn Sie 80 Jahre alt sind.
*Akzeptieren:* Sie können sich den Stress nehmen, in dem Sie unveränderbare Belastungen akzeptieren und die Dinge annehmen, wie sie sind. Dieses stressreduzierende Denkmuster haben wir bereits in Kapitel 4 ausführlich behandelt.

- Formulieren Sie Ihren neuen Glaubenssatz und nehmen Sie ihn mit in den Alltag. Binden Sie ihn bewusst in Situationen ein. Bauen Sie ihn in Ihre abendliche Entspannungsübung ein. Und überprüfen Sie seine Wirkung: Inwieweit fühlen Sie sich durch den Satz emotional entlastet? Erst über das konsequente Üben, durch das permanente Denken und Vor-Augen-Halten kann der neue gedachte Glaubenssatz zu Ihrem gefühlten Glaubenssatz werden. Denn nur Übung macht den Meister – das gilt für ein neues Denken genauso wie den Ausbau von Fähigkeiten. Beides braucht konsequentes Lernen.

### Übung: Richtungswechsel im Kopf

Mit dieser Übung möchten wir Ihnen eine konkrete Anleitung zum Richtungswechsel im Kopf geben. In der Psychologie wird diese Technik als kognitive Umstrukturierung bezeichnet.

Sie verringern Ihre stressbezogene Belastung, in dem Sie stressmildernde statt stressverstärkende Selbstgespräche führen. Stressmildernde Selbstinstruktionen entspringen nur in seltenen Fällen spontanen Eingebungen, so dass wir ein strukturiertes Vorgehen zur Bearbeitung empfehlen. Grundlage dieser Arbeit ist die gewissenhafte Durchführung der Stressanalyse aus Kapitel 4. Durch diese Analyse sind Sie Ihren stresserzeugenden Gedanken und Glaubenssätzen näher gekommen. Nun können Sie diese negativen Selbstinstruktionen zu positiven Selbstinstruktionen umwandeln.

**Schritt 1:** Notieren Sie den negativen Glaubenssatz oder den stressverstärkenden Gedanken, den Sie verändern möchten.

**Schritt 2:** Benennen Sie die Situationen, in denen der Gedanke oder der Glaubenssatz aktiviert wird und Ihren Stress verstärkt.

**Schritt 3:** Verdeutlichen Sie sich die negative Konsequenz, die der Gedanke oder der Glaubenssatz für Sie in der akuten Stresssituation hat.

**Schritt 4:** Verdeutlichen Sie sich die negative Konsequenz, die der Gedanke oder der Glaubenssatz mittel- oder langfristig für Sie hat. Benennen Sie den Schaden, der für Sie entsteht.

**Schritt 5:** Formulieren Sie eine erste, ausführliche Formel zur positiven Selbstinstruktion.

**Schritt 6:** Erstellen Sie eine Kurzformel zur positiven Selbstinstruktion.

| **Anleitung zum Richtungswechsel im Kopf** | |
|---|---|
| 1. Was ist der stresserzeugende Gedanke? | |
| 2. Beschreiben Sie die Situation/en, in denen der stresserzeugende Gedanke aktiviert wird. | |
| 3. Was sind akute Stressreaktionen? Was zeigt sich auf Verhaltens-, Emotions- und Körperebene? | |
| 4. Welche negativen Nachwirkungen und Konsequenzen zieht die Stresssituation nach sich? | |

| | |
|---|---|
| 5. Formulieren Sie eine erste ausführliche positive Selbstinstruktion! | |
| 6. Reduzieren Sie Ihre Selbstinstruktionen auf eine prägnante Kurzformel! | |

Literatur

(1) Harris, Thomas A.: »Ich bin o.k., du bist o.k«. 50. Auflage, 1975. Rowohlt, Hamburg

(2) Bauer, Joachim: »Das Gedächtnis des Körpers«. 2013. Piper, München

(3) Stahl, Stefanie: »Das Kind in dir muss Heimat finden«. 2015. Kailash, München

(4) Schulz von Thun, Friedrich: »Miteinander Reden 2: Stile, Werte, Persönlichkeitsentwicklung«, 34. Auflage 2010, rororo, Hamburg

## Raum für Ihre Gedanken

# Blütenblatt 3 – Werte

1 Was denken Sie in kritischen Alltagssituationen?
2 Welche Glaubenssätze lassen Sie immer wieder in einer destruktiven Weise reagieren?

Glaubenssätze verhindern eine positive Entwicklung. Sie erzeugen ein starres, monotones Verhalten. Schreiben Sie Ihre hinderlichen Glaubenssätze auf – und drehen Sie deren Bedeutung um. Nutzen Sie dazu unsere Übungen »Der Weg zum Erwachsenen-Ich« und »Richtungswechsel im Kopf«.

# KAPITEL 7
# **BLÜTENBLATT 4**
# **ALPHA**
# WENN DIE ZEIT AUS DEM TAKT GERÄT

Wir leben in einer Zeit vollkommener Mittel und verworrener Ziele.

*Albert Einstein*

Man könnte denken, nichts ist gerechter als die Zeit, denn unabhängig von Geschlecht, Bildung, Alter oder Reichtum verläuft sie für jeden Menschen gleich. Ihr Takt hat 24 Stunden, wo auch immer die Sonne auf- und untergeht. Und doch ist Zeit nicht gerecht. Sie kann plötzlich stillstehen und damit Ziele und Wünsche eines Menschen löschen. Das kann einem Manager im Konzern ebenso passieren wie dem Stammesführer im Dschungel des Amazonas. Denn bei aller Berechenbarkeit bleibt die Zeit doch eine persönliche Sache und wir tun gut daran, uns ihre und damit unsere Endlichkeit bewusst zu machen. Mit der letzten Minute wäre es zu spät, sich zu sagen: »Ach, hätte ich doch … die Zeit intensiver für mich genutzt.« »Ach, hätte ich doch … mehr Zeit mit meiner Familie, meinen Freunden verbracht.« »Ach, hätte ich doch …« Zu spät. Die Zeit gibt keine Möglichkeit zur Korrektur. Da ist sie unerbittlich wie eine launige Diva.

Aufmerksamkeit können Sie der Diva Zeit nur im Hier und Jetzt schenken. Rückschritte verbietet sie und vorausschauende Planung durchkreuzt sie gerne. Ärgerlich wird sie übrigens, wenn Sie versuchen, sie nach standardisierten Regeln zu erziehen, wenn Sie ihr in wissenschaftlicher Manier befehlen, sich nach Prioritäten oder To-do-Listen zu entfalten. Dann macht sie Stress! Dann feuert sie das Cortisol an, sorgt dafür, dass Konzentration und Erinnerung schwach werden, dass Sie wütend, verspannt oder traurig werden. Obwohl es im Gehirn keinen Bereich für die Zeit gibt, übt sie einen bedeutsamen Einfluss auf Ihr Wohlbefinden aus.

Eine der Hauptfragen, die Führungskräfte in unseren Seminaren stellen, ist folgerichtig: »Wie kann ich meine Zeit managen?« »Ganz einfach«, sagen wir dann, »indem Sie sich nach Ihren Vorlieben richten.« Dann bitten wir den Manager, einmal alles zu vergessen, was er bisher über Zeitsysteme gelernt hat. Wir bitten ihn festzustellen, wie seine gefühlte Zeit tickt. Wir bitten ihn auch, sich auszumalen, was wäre, wenn er nur Aufgaben erledigen würde, die zu seinen Stärken passen, und er nur in einem Rhythmus arbeiten würde, der ihm Freude macht. Bei dieser Vorstellung beginnen die Augen des Managers zu glänzen und der Herzschlag beruhigt sich, die Atmung wird tief. Er fällt in einen schönen Zustand der freudigen Entspannung. Leider sieht die Wirklichkeit anders aus. Führungskräfte werden heute von außen bestimmt. Sie übernehmen Aufgaben, die mehr Pflicht als Kür sind. Sie absolvieren sie in einem Zeitrahmen, der sie müde macht. Wir können festhalten: Kaum ein Manger darf heute noch selbstbestimmt wirken. Zu komplex sind die digitalgetriebenen Projekte. Zudem schieben verschlankte Hierarchien Leistungstempo und Verantwortung voran. Die alte Zeitformel »8 Stunden Arbeit + 8 Stunden Entspannung + 8 Stunden Schlaf = ein 24-Stunden-Tag« gilt nicht mehr. Und doch sehnen sich Körper und Geist nach dieser alten Formel zurück. Wir sind geistig noch nicht in der modernen Zeit angekommen. Uns wundert das nicht, wenn wir bedenken, dass unser Gehirn sich über 300 000 Jahre entwickelte und die Digitalisierung erst vor 30 Jahren begann.

## Immer bereit

Kaum eine Führungskraft in einem Unternehmen verlässt das Büro um 17 Uhr. Es scheint eine Art Ehrgeiz zu sein, als Letzter die Tür zu schließen. Anderes könnte als Desinteresse am Job oder als Bequemlichkeit interpretiert werden, so die allgemeine Angst der Manager. Spät abends erst kommt er nach Hause, das Notebook unter dem Arm. Ein kurzer Check der privaten Lage, dann verschwindet er hinter dem heimischen Schreibtisch. E-Mails beantworten, Fachlektüre lesen oder das Entwerfen von Strategien in den Abendstunden sind keine Ausnahmen mehr. Einmal im Thema, so mag der Manager denken, wäre es unsinnig zu stoppen. Also arbeitet er weiter bis in die Schlafenszeit hinein – immerhin sitzt am anderen Ende der Welt ein Kollege, der auf die Kommentare wartet. In digitalen Zeiten gibt es keine Barrieren mehr. Nur eine kleine Entscheidung ist nötig, um dem 24-Stunden-Takt eine Stressnote zu geben.

»Je höher die Position, desto mehr Arbeitsstunden muss ich absolvieren.« Diesen Satz hören wir oft, wenn Männern und Frauen die Tage entgleiten. Wir schlussfolgern dann: »Bedeutet das: Je höher die Position, desto mehr Stress muss man empfinden?« Die Antwort lautet: »Ich weiß es nicht. Deshalb bin ich hier. Ich habe das Gefühl dafür verloren, wann noch etwas geht und wann ich mich überfordere.«

Wir halten den Grenzverlust zwischen Arbeit und Entspannung für gefährlich und wenden uns gegen das Phänomen der Dauerpräsenz. 30 Stunden Calls in der Woche, 200 Mails am Tag, unzählige Meetings und Mitarbeitergespräche mögen Ihnen eine Zeit lang das Gefühl von Erfolg geben, aber auf Dauer spüren Sie die Konsequenzen: Sie teilen den Tag in ungesunde, ungleiche Teile. Sie dehnen den Teil der Arbeit, zerren noch mehr Leistung aus sich heraus. Sie verbiegen die Zeitstrecke des Lebens zu einer Karrierekurve und später zu einem Hamsterrad. Sie brauchen die Haken hinter den Aufgaben, die Anerkennung des Chefs, das Vertrauen des Teams. Sie können nicht stoppen, obwohl Sie den Zusammenbruch erahnen. Den persönlichen Takt haben Sie längst verloren. Vielleicht gibt es noch eine dünne Stimme, die in Ihnen nach Pause ruft, nach einem Moment des inneren Friedens. Aber Sie können nicht zur Ruhe gelangen, weil der Stress nicht nur die Hormone, sondern auch die Wellen im Gehirn verändert hat. Diese treiben Sie an und überfluten das, was wir einen persönlichen Zeittakt nennen.

Leistungsorientierte Menschen handeln nach dem Prinzip: Wer sich unverzichtbar macht, macht Karriere. Dem wollen wir mit dem vierten Blatt der Lotusblüte Folgendes entgegensetzen: Wer im Business ständig präsent ist, der fördert das Sterben seiner Nervenzellen im Gehirn!

## Das Gehirn besänftigen

Sobald Ihre Balance aus Arbeit, Freizeit und Schlaf zu einer Seite kippt, geraten Sie unter Stress. Sie erinnern sich? Überforderung und Unterforderung verursachen gleichermaßen eine unzufriedene Stimmung. Wo der eine sich mit Aufgaben überfordert, verliert der andere mangels Aufgaben den Sinn im Leben. Wo der eine seine Termine zu eng setzt und unter Druck gerät, fehlt dem anderen mangels Aufgaben die Struktur im Tag. Beide Extreme ziehen auf Dauer gesundheitliche Schäden nach sich. Wir richten uns mit diesem Buch an Menschen, die sich kaum vorstellen können, einen Tag ohne Struktur zu verleben, weil sie funktionieren wie ein Räderwerk, weil sie den Hebel zum Anhalten, Hinsehen, Durchatmen nicht mehr finden. Manager sind selten unterfordert. Das widerspricht dem Beruf an sich und dem Leistungsstreben sowieso.

Wir würden uns sogar wünschen, Manager würden sich wöchentlich einen halben Tag ohne Termine und Smartphone gönnen. Wir würden uns wünschen, sie würden diese Stunden ohne Ziel verbringen und sich treiben lassen mit dem schönen Gefühl, Zeit im Überfluss zu haben. Diesem Wunsch aber wirken die Kräfte der Gehirnwellen entgegen, denn Leistungsorientierte agieren in hohen Hertz-Frequenzen und nehmen leider häufig den daraus resultierenden Stress als gottgegeben hin. »Demnächst«, so denken sie, »plane ich meinen Urlaub, da werde ich entspannen, bis dahin halte ich durch.« Diesen Kardinalfehler wollen wir aus Ihrem Denkrepertoire tilgen. Demnächst kann der Zusammenbruch längst geschehen sein. Weil Sie seit Monaten oder Jahren auf der Ungeduld-Hektik-Autobahn Ihres Gehirns entlangrasen und für eine Abbiegung in eine Ruhephase die Synapsen fehlen.

Das Einzige, was Sie tun können, um diesem schädlichen Stress zu entkommen, ist Folgendes:

- Entscheiden Sie sich jetzt, sofort, Aufgaben liegen zu lassen und Ruhe in sich aufzunehmen.
- Entscheiden Sie sich jetzt, sofort, nach Ihrem Temperament zu handeln und sich nicht fremden Zeittakten zu unterwerfen.
- Entscheiden Sie sich jetzt, sofort, Ihr Gehirn zu beruhigen.

## Drei Takte der Persönlichkeit

Wie Sie ticken, das haben neurobiologische Persönlichkeitsforscher feststellen können, wird von vier Einflusskräften bestimmt. Ihre Persönlichkeit wird geformt erstens durch Ihre genetische Prädisposition, zweitens durch Ihre individuelle Hirnentwicklung, drittens durch Ihre vorgeburtlichen und frühen nachgeburtlichen affektiv-emotionalen Erlebnisse und viertens durch Ihre persönliche Sozialisation. (1) Wo Ihre Talente liegen werden, nach welchem Zeitgefühl

Sie denken und handeln werden, das entscheidet sich bereits zu einem großen Teil über Ihre genetische Ausstattung und sehr früh in der pränatalen Phase, wenn das Gehirn entsteht und wenn sich die ersten Reize auf die neuronale Struktur auswirken. Ob Sie Ihre Gaben vollends entfalten können, das wird über die Ebene entschieden, die sich aus Erziehung, Umwelt und Kultur zusammensetzt. Mit dieser These folgen wir der Biostrukturanalyse, die der Gehirnforscher Paul D. MacLean in Zusammenarbeit mit dem Anthropologen Rolf W. Schirm 1977 erforschte. MacLean betonte, dass das menschliche Gehirn erst zu verstehen sei, wenn wir seine drei Bereiche miteinander in Verbindung bringen:

**1. Das Stammhirn – der älteste, rund 250 Millionen Jahre alte Bereich** Hier befinden sich die biologischen Erfahrungen und Instinkte. Der Zeittakt von Menschen, die in dieser Region starke Verschaltungen aufweisen, spielt überwiegend in der Vergangenheit. Dieser Mensch greift mit Vorliebe auf Erfahrungen zurück und bewegt sich gerne auf bekannten Pfaden. Traditionen sind ihm wichtig, aus Ritualen zieht er seine Kraft. Ohne Struktur wäre ein Tag für ihn chaotisch und ohne Gespräche von Mensch zu Mensch wäre dieser Tag freudlos.

Nach dem Persönlichkeitsprofil der Biostrukturanalyse ist ein stammhirndominanter Mensch ein Geselliger. Seine Persönlichkeitsmerkmale sind Beziehungsstärke und Empathie. Kommunikation und die Zufriedenheit der Mitmenschen liegen ihm am Herzen, eine Dysbalance der Gefühle ist für ihn hingegen ein Drama.

Der Zeittakt eines Geselligen ist bedacht, kontinuierlich, Routine gibt ihm Sicherheit. Unerwartete Zwischenaufgaben bringen einen Geselligen aus dem Gleichgewicht und erzeugen bei ihm Stress.

Stressfaktoren für Gesellige sind: Konfliktsituationen, Einzelarbeit ohne Teamgespräche, Termindruck, emotionale Probleme und generelle Beziehungsstörungen.

**2. Das Zwischenhirn – entwickelte sich vor rund 100 Millionen Jahren und stellt das limbische System dar** Hier findet sich der Bereich der Emotionen und des Überlebens. Im Zwischenhirn treffen Menschen eine schnelle Entscheidung darüber, was sie bevorzugen und was sie nicht mögen. Das spiegelt sich in Gesten, Mimik und Hautwiderstand. Wer in diesem Bereich verankert ist, der weist eine hohe Risikobereitschaft auf. Er verfügt über eine schnelle Reaktionsform und kann unter Druck gut arbeiten. Meist arbeitet er in mehreren Projekten parallel, was ihm Bewunderung einbringt. Diese genießt er, sie ist Balsam für seine Seele.

Nach der Biostrukturanalyse sind zwischenhirndominante Menschen Machertypen.

Ihr Zeittakt ist die Gegenwart. Macher sind ungeduldig, wollen sofortige Ergebnisse sehen und haben bereits die nächste Herausforderung im Kopf, bevor das gegenwärtige Projekt abgeschlossen ist. Für Macher ist Langsamkeit eine Qual und Diskussionen um ein Detail ist verschleuderte Zeit. Wer Sie bremst, wird ihr Unverständnis und manchmal ihren Zorn spüren.

Stressfaktoren für Macher sind: Routineaufgaben, fehlende Lösung, langsames Denken der anderen, Arbeiten an Details, Macht- und Aufmerksamkeitsverlust.

**3. Der Neokortex im Großhirn – der jüngste Bereich in der Entwicklungsgeschichte des Gehirns** Hier sitzen Vernunft, Logik, Sprache. Es ist der Bereich, in dem Menschen reflektieren, interpretieren, nach Begründungen suchen. Auch erhält die Welt mit Hilfe des Großhirns eine räumliche Dimension. Menschen mit einer starken Prägung in diesem Bereich verfügen über Sinn für Details, suchen nach Argumenten, sind lösungsorientiert. Sie arbeiten vornehmlich im Einzelbüro, denn Ablenkungen jeder Art empfinden sie als Störung. Bereichernd empfinden sie Fachdiskussionen, Plaudereien hingegen meiden sie.

Großhirndominante Menschen sind nach der Biostrukturanalyse Analytikertypen.

Der Zeittakt der Analytiker ist die Zukunft. Sie planen und sehen voraus, welche Konsequenzen ihr Handeln morgen hat. Sie sind Tüftler, meist interessiert sie Technik mehr als Lyrik. Ihre Sprache ist sachlich, logisch, ohne Hang zur Übertreibung. Analytiker wollen Fehlern vorbeugen und Strategien mit Inhalten füllen. Das Beleuchten wirklich existenzieller Fragen treibt sie an.

Stressfaktoren für Analytiker sind Unterbrechungen, Geräusche,

Unvorhersehbarkeiten, langwierige Erklärungen, Meetings mit vielen Menschen, Verständnislosigkeit der anderen, voreilige Entscheidungen.

## Welcher Zeittyp sind Sie?

### *Ein Selbsttest*

Bitte tragen Sie hinter die Aussage die entsprechende Zahl ein: von 0 (trifft überhaupt nicht zu) über 1 und 2 bis 3 (trifft absolut zu). In die rechte Spalte bitte die entsprechende Zahl eintragen.

| | | |
|---|---|---|
| 1. | Ich liebe den Laissez-faire-Stil. | |
| 2. | Ich versuche mehrere Aufgaben gleichzeitig zu bewältigen. | |
| 3. | Ich beschäftige mich häufig zu lange damit, die beste Struktur zu finden. | |
| 4. | Ich schade mir manchmal selbst, weil ich nicht nach bestimmten Regeln oder Abläufen handle. | |
| 5. | Ich lasse mich ungern durch unnötige Zeitplanung in meinem Alltag blockieren. | |
| 6. | Ich verwende zu viel Zeit mit Detailarbeit. | |
| 7. | Ich lasse mich von Kollegen und unwichtigen Telefonaten ablenken. | |
| 8. | Ich bin spontan. | |
| 9. | Ich bin sehr gut in der Zeitplanung, wenn keine unvorhergesehenen Ereignisse meine Planung stören. | |
| 10. | Ich lasse mich von nicht terminierten Besuchern unterbrechen. | |
| 11. | Ich bestimme den Zeitrhythmus. | |
| 12. | Ich bin sehr gut in meiner Zeitplanung, wenn sich alle an die Abläufe halten. | |
| 13. | Ich nehme an Meetings teil, die für mich und meine Tätigkeit nicht wirklich relevant sind. | |
| 14. | Ich arbeite, wenn es sein muss, die ganze Nacht durch, der Tag hat schließlich 24 Stunden. | |
| 15. | Ich sammle alle Unterlagen und Arbeitsmaterialien auf meinem Schreibtisch. | |
| 16. | Ich kann auch mal die Zeit komplett vergessen. | |
| 17. | Ich bin inkonsequent, es fällt mir nicht leicht, diszipliniert an einer Tätigkeit dranzubleiben. | |

| | | |
|---|---|---|
| 18. | Ich drucke mir auch E-Mails aus, um sie entsprechend abzulegen. | |
| 19. | Ich schiebe unbequeme und wichtige Aufgaben zeitlich vor mir her. | |
| 20. | Ich versuche alles selbst und auf einmal zu tun. | |
| 21. | Ich delegiere ungern, da ich nicht sicher sein kann, dass die Aufgabe auch perfekt wird. | |
| 22. | Ich habe Hemmungen, nein zu sagen. | |
| 23. | Ich habe oft zu wenige Informationen durch Hast oder Ungeduld. | |
| 24. | Ich nehme wahr, dass ich zu wenig Kommunikation mit Kollegen, Lieferanten und Mitarbeitern pflege. | |
| 25. | Ich produziere häufiger für andere Wartezeiten, weil ich unpünktlich zu Besprechungen erscheine. | |
| 26. | Ich habe Chaos auf dem Schreibtisch. | |
| 27. | Ich sammle so viele Informationen wie möglich. | |
| 28. | Ich habe zu viele Suchzeiten wegen meiner unstrukturierten Ablage (Hard- und/oder Software). | |
| 29. | Ich habe zu viel Arbeit mit Routinepapierkram oder E-Mail- Posteingang. | |
| 30. | Ich möchte häufig alle Fakten ganz genau wissen. | |
| 31. | Ich führe zu viele private Schwätzchen (auch am Telefon). | |
| 32. | Ich habe keine geeignete Struktur zur Aufgabenbewältigung. | |
| 33. | Ich schiebe den Abschluss einer Aufgabe vor mir her, da ich unsicher bin, ob ich auch alle Infos habe. | |
| 34. | Ich führe zu viel Kommunikation und zu viele Aktennotizen. | |
| 35. | Ich höre nicht aktiv zu. | |
| 36. | Ich will alles genau wissen. Gut informiert zu sein ist mir wichtig. | |
| 37. | Ich bin häufig unentschlossen. | |
| 38. | Ich beachte häufig meinen individuellen Tagesrhythmus zu wenig. | |
| 39. | Ich beschäftige mich zu viel mit Computerproblemen. | |
| 40. | Ich mache mir manchmal keine klare Vorstellung über die zu erledigende Aufgabe. | |
| 41. | Ich kann am besten unter Druck arbeiten. Dann erbringe ich Topleistungen. | |
| 42. | Ich arbeite detailgenau. | |

Bitte übertragen Sie alle Zahlen in die folgende Tabelle. Nun können Sie die Gesamtsumme errechnen.

| | | |
|---|---|---|
| 01. ________ | 02. ________ | 03. ________ |
| 04. ________ | 05. ________ | 06. ________ |
| 07. ________ | 08. ________ | 09. ________ |
| 10. ________ | 11. ________ | 12. ________ |
| 13. ________ | 14. ________ | 15. ________ |
| 16. ________ | 17. ________ | 18. ________ |
| 19. ________ | 20. ________ | 21. ________ |
| 22. ________ | 23. ________ | 24. ________ |
| 25. ________ | 26. ________ | 27. ________ |
| 28. ________ | 29. ________ | 30. ________ |
| 31. ________ | 32. ________ | 33. ________ |
| 34. ________ | 35. ________ | 36. ________ |
| 37. ________ | 38. ________ | 39. ________ |
| 40. ________ | 41. ________ | 42. ________ |
| Summe total: ---------------- | Summe total: ---------------- | Summe total: ---------------- |
| Vergangenheits-orientierung | Gegenwarts-orientierung | Zukunfts-orientierung |

Bitte tragen Sie nun die jeweilige Summe Ihrer Zeitorientierungen in das folgende Säulendiagramm ein.

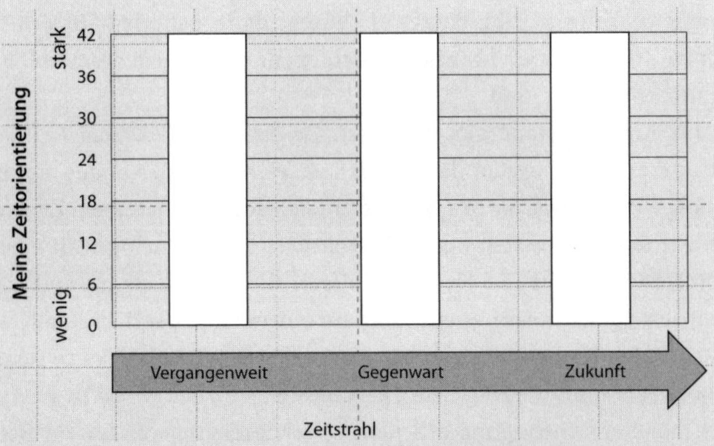


Die Zeitorientierung mit der höchsten Summe zeigt auf, in welchem Zeitbezug Sie bevorzugt Entscheidungen treffen, denken und handeln.

© Dr. Eva Brandt. Auszug aus dem Buch »Zeitmanagement im Takt der Persönlichkeit« (2)

## Zeit und Wellen

Ob Sie beispielsweise schläfrig, entspannt, konzentriert oder gehetzt sind, ob Sie sich wohlfühlen oder unausgeglichen sind, jegliche Stimmung hat einen direkten Einfluss auf Ihr Gehirn und damit auf das Zentralnervensystem. Das lässt sich mit Hilfe des EEG (Elektroenzephalogramm) messen, indem Ihnen Elektroden auf die Kopfhaut gesetzt werden, die feine elektrische Impulse empfangen. Unter Stress durch Zeitnot schlagen diese Impulse aus. Die Herzfrequenz erhöht sich, eine Synchronisation zwischen Denken und Handeln wird zunehmend schwieriger. Für Ihre Gesundheit ist es von hoher Relevanz, den

Sturm im Kopf augenblicklich wieder zu besänftigen und bestenfalls vor dem Aufbrausen zu bewahren. Mit dem Blütenblatt 4 der Lotus-Strategie wollen wir Sie in den sanften Zustand der Alpha-Wellen bringen, denn dort herrscht eine wache, angenehme, ruhige Aufmerksamkeit. Wenn Sie Ihr Potenzial spüren, dann befinden Sie sich im Alpha-Zustand. Viele Manager berichten, dass sie genau dann im Flow mit ihrer Aufgabe sind.

Im Alpha-Zustand gibt es keinen Zeitdruck und keinen Kritiker. Es interessiert Sie weder das Lob der anderen noch der Bonus, der bei Erfolg winken mag. Sie tun, was Sie tun, nur für sich. In diesem Zustand sind Ihre Gehirnwellen optimal strukturiert, sie schwingen in einem Bereich von 7,5 bis 12,5 Hertz und damit sind Sie entspannt und konzentriert zugleich. Sie bewegen sich auf einem Grad der höchsten Kreativität. Aber leider verbauen viele Menschen sich diesen Grad zwischen bewusstem und unbewusstem Denken, weil sie unter Stress in wesentlich höherer Schwingung arbeiten. Unter Stress agieren Sie im Beta-Zustand – und damit außerhalb Ihres persönlichen Zeitgefühls. Die Beta-Wellen erreichen eine wache, leicht nervöse Spannung. In diesem Zustand ist Ihre Aufmerksamkeit meist nach außen gerichtet. Sie nehmen auf, was andere denken und sagen, berücksichtigen diese Einsichten in Ihrer Arbeit. Flow kann in dieser Art nicht entstehen. Im Gegenteil. Die Gefahr ist groß, dass die Beta-Wellen ansteigen und bei einer Überaktivierung in einen angstvollen Zustand kippen. Dann folgt die nächste Steigerung in den Gamma-Bereich, des äußersten Wachzustandes. Diese hochfrequentierten Wellen, die bis zu 80 Schwingungen in der Sekunde erreichen, können erst seit wenigen Jahren dargestellt werden. Gamma-Wellen haben die Aufgabe, Relevantes aus einer Vielzahl von Reizen und Informationen zu filtern. Nur trainierten Meditierenden wird hier eine ordnende Struktur gelingen. Für alle anderen bedeuten diese Wellen Stress!

## Das Spiel zwischen Alpha und Beta

Es ist uns ein Anliegen, Sie zwischen dem Alpha- und einem leichten Beta-Zustand hin und her switchen zu lassen. Sie selbst können das steuern. Sie selbst können entscheiden, wann Sie den leichten, konzentrierten, nach außen gerichteten Beta-Zustand verlassen und wann Sie in den Alpha-Zustand eintauchen. Damit werden Sie zum Dirigenten Ihrer Neuronen.

**Beta-Wellen erreichen eine Frequenz von 12,5 bis 30,0 Hertz.** Wenn Sie sich in einem wachen Zustand befinden und Ihre Aufmerksamkeit nach außen richten, dann befinden Sie sich im Beta-Zustand. Beta-Wellen forcieren Ihre Wachheit, Ihre Konzentration und Ihre Kognition. Achtung: Bei Zeitdruck, Niederlagen oder Angst entsteht schädlicher Stress, der mit einer Erhöhung der Frequenz einhergeht.

**Alpha-Wellen erreichen eine Frequenz von 7,5. bis 12,5 Hertz.** Wenn Sie Ihre Augen schließen, wenn Sie sich auf den Moment fokussieren, wenn Sie in Ihrem eigenen Zeittakt schwingen, dann entstehen Alpha-Wellen. Sie erzeugen ein Wohlgefühl und können sogar einen Flow auslösen. Ihr Gehirn ist in einem neutralen Zustand, auf die Sache konzentriert, keine Emotionen färben das Denken. Sie befinden sich in einem neutralen Zustand, in dem Sie regenerieren und zufrieden sind.

Würden Sie nun eine Schläfrigkeit zulassen und Ihre Wellen sich weiter verlangsamen, dann würden Sie im Theta-Wellen-Bereich landen, im Übergang zum Unbewussten und zum Träumen.

### 20 Sekunden für Ihre Balance

Sie gelangen in den Alpha-Wellen-Bereich, indem Sie zum Beispiel 20 Minuten joggen, 15 Minuten meditieren, 15 Minuten progressive Muskelentspannung praktizieren – oder unsere 20-Sekunden-Übung anwenden. Wir nennen sie *die Alpha-Technik*.

Stellen Sie sich eine schwebende kleine Kugel acht Zentimeter über Ihrem Kopf vor, die nicht der Schwerkraft unterworfen ist. Sie ist ganz leicht und hält sich immer an derselben Stelle.

Sie schwebt genau in der Mitte.

Sie atmen ein. Sie atmen aus.

Sie lassen diese Kugel beim nächsten oder übernächsten Ausatmen an einem seidenen roten Faden, der sich vom Kopf bis in den Bauch spannt, langsam hinuntergleiten.

Sie atmen ein. Sie atmen aus.

Wenn die Kugel im unteren Bauchbereich bei Ihnen angekommen ist, verweilt sie dort.

Sie atmen aus dem unteren Bauchbereich ein. Sie atmen aus.

Ihre Kugel wandert beim nächsten oder übernächsten Einatmen langsam am seidenen Faden entlang wieder nach oben. Sie landet acht Zentimeter oberhalb Ihres Kopfes am Ausgangspunkt und schwebt ganz leicht direkt acht Zentimeter in der Mitte über Ihrem Kopf.

Sie atmen ein, Sie atmen aus.

Wenn Sie prüfen möchten, ob Ihnen die Übung gelungen ist, können Sie dies, indem Sie sich folgende Fragen stellen:

1. Ist Ihre Atmung ruhiger geworden und in den unteren Bauchraum gewandert?
2. Hat sich Ihre Muskulatur entspannt?
3. Haben Sie nun weniger kleine Gedankenfetzen im Kopf und stattdessen den Kopf frei wie nach 20 Minuten Joggen oder Radfahren?

Sie können sich diese Übung auch als Audiodatei anhören. Hierzu finden Sie Ihren Zugangscode in der Einleitung auf Seite 17.

Suchen Sie sich Zeiten aus, in denen Sie diese Übung in Ihren Alltag integrieren können. Vielleicht kurz bevor Sie telefonieren? Wenn Sie in einem Meeting sitzen und in Ruhe zuhören? Wenn Sie im Bürogebäude über den Flur laufen? Vielleicht sind es diese Leerzeiten, zu denen Sie die Übung anknüpfen können und somit automatisch anwenden. Vielleicht fallen Ihnen auch ganz andere Situationen ein. Suchen Sie sich drei Möglichkeiten der Verknüpfung aus und integrieren Sie diese Entspannung in Ihren Berufsalltag.

Angelehnt an »Der Alpha-Faktor« (3)

## Kleine Entspannungsübungen

Beginnen Sie mit der Entspannung für Einsteiger. Konzentrieren Sie sich täglich zur gleichen Zeit und in Stille drei Minuten auf Ihre Atmung. Fühlen Sie mit Ihrer Hand auf dem Bauch, wie sich Ihr Bauch hebt und senkt, hebt und senkt. Nehmen Sie nur dieses Auf und Ab wahr. Sollte ein anderer Gedanke Sie stören, dann halten Sie diesen Gedanken für eine Sekunde fest und lassen ihn weiterziehen – und konzentrieren sich weiter auf Ihre Bauchatmung.

Nutzen Sie unsere Audio-Übung zum Download für eine schnelle und langfristige Entspannung. Den Zugangscode hierfür finden Sie auf Seite 17.

Oder: Nutzen Sie unsere Entspannungsübung nach Jacobson, die Progressive Muskelentspannung. Diese Übung sollten Sie 14 Tage lang regelmäßig durchführen. Idealerweise verknüpfen Sie diese Übung an bereits bestehende Rituale, damit Sie auch im Alltag daran denken. Beispielsweise wenn Sie zu Bett gehen, machen Sie die Übung vor dem Einschlafen. Alternativ ist die Übung auch wirkungsvoll, wenn Sie sie direkt nach dem Aufwachen durchführen. Nach zwei Wochen haben Sie Ihren Körper aktiv auf Entspannung programmiert und können in stressigen Alltagssituationen durch kurzes Anspannen und schnelles Loslassen des Unterarms Ihren gesamten Körper in einen entspannten Zustand versetzen. Der Körper ist nach dieser Zeit darauf trainiert, schnell die Entspannung abzurufen. Genießen Sie diese Entspannung in Form unserer Audioübung. Sie werden bereits innerhalb der ersten zwei Wochen einen Effekt bemerken.

## Literatur

(1) Roth, Gerhard: »Persönlichkeit, Entscheidung und Verhalten«. 2015, 9. Auflage. Klett-Cotta, Stuttgart.

(2) Brandt, Eva: »Zeitmanagement im Takt der Persönlichkeit«. 2017. Beltz, Weinheim

(3) Wenger, Ruth: »Der Alpha-Faktor«. 2013, Business-Village, Göttingen

## Raum für Ihre Gedanken

# Blütenblatt 4 – Alpha

1 Welche Entspannungstechniken passen zu Ihnen?
2 Zu welcher Tageszeit können Sie mindestens 15 Minuten Entspannung praktizieren?

Wählen Sie eine für Sie passende Entspannungsübung und wenden Sie diese an.

# KAPITEL 8
# **BLÜTENBLATT 5 SINNE**
# GESUNDHEIT BRAUCHT REGELN

Glück ist kein Geschenk der Götter,
sondern die Frucht innerer Einstellung.

*Erich Fromm*

Glück ist etwas Flüchtiges. Es streift den Alltag meist unverhofft und nur für die Dauer von Sekunden. Diese Kurzlebigkeit macht es kostbar, erweckt gar die Sehnsucht nach mehr vom Gleichen. Denn niemand könnte je des Glückes überdrüssig werden.

Glück aber lässt sich nicht einfangen und schon gar nicht konservieren. Es kommt und geht in seinem eigenen Rhythmus. Es sucht ein Umfeld, das zu ihm passt und vor allem meidet es seinen Feind, den Stress. Denn Glück ist nichts anderes als Chemie, dessen Stoffe sich nur dann verbinden, wenn die Bedingungen stimmen. Sobald Ihre Linie zwischen Bauch, Herz und Gehirn im Einklang ist, steigt die Wahrscheinlichkeit, dass Sie glückliche Momente erfahren.

Oft beginnt das Glück im Darm, wo mehr als 100 Millionen Nervenzellen unsere Launen auffangen. Sicherlich kennen Sie das Grummeln im Bauch, wenn Sie an sich zweifeln, nervös oder ängstlich sind. Auch wenn Sie Freude empfinden, reagiert der Bauch mit einem hellen Stich, und nicht umsonst sagt man gemeinhin, Liebe gehe durch den Magen. Experten gehen davon aus, dass zwischen Verdauungsapparat und Gehirn eine Dauerkommunikation stattfindet, dass sogar Impulse zum Handeln ihren Ursprung im Darm haben. Dazu erklärt der Gastroenterologe, Professor Dr. Michael Schemann: »90 Prozent der Nervenfasern schicken neuronale Signale, Hormone, Zytokine und mikrobielle Metaboliten entlang des Nervus vagus vom Darm zum Gehirn. Nur 10 Prozent verlaufen in die umgekehrte Richtung.« (1) Das Gehirn fängt jeden Reiz aus dem Darm auf – und reagiert ad hoc. Bei motivierenden Kommandos zum Beispiel mixt es den Cocktail aus Noradrenalin, Serotonin und Dopamin, versieht das Ganze mit einem kleinen Schuss eines β-Endorphins und fertig ist das gute Gefühl.

Es wäre schön, könnten Sie und wir diese Mixtur morgens vor dem Frühstück trinken und der Flüchtigkeit des Glücks eine Dauerhaftigkeit geben. Wir würden stets mit glänzenden Augen unsere Aufgaben erledigen, würden erfüllt sein von Zuversicht und manchmal würde unsere innere Glückslinie zwischen Bauch, Herz und Kopf derart schwingen, dass wir die Welt umarmen könnten. Bleiben wir also noch eine Weile beim Glück. Dieses Thema haben übrigens Politiker und Unternehmer längst für ihre eigene Wirksamkeit erkannt.

Spätestens seit der König von Bhutan in den 1970er Jahren einen Glücksminister ernannte, der die Zufriedenheitsmerkmale seiner Untertanen erforschen sollte, spätestens seit ein großes IT-Unternehmen sich als globales Happiness-Quartier für seine Mitarbeiter versteht, Rutschbahnen statt Treppen baute und Urwaldgestrüpp in Kantinen pflanzte, spätestens seit die Vereinten Nationen den Report der Menschlichkeit veröffentlichen und die Buchhändlerregale sich mit entsprechenden Anleitungen füllen, ist Glück zu einem globalen Dauerthema geworden. Deshalb machte man sich auf, jene Daten zu sammeln, die dieses gute Gefühl im Menschen erzeugen. Es wurde gefiltert, analysiert, vernetzt. Heraus kamen die universellen Big Five des Glücks: Gesundheit, Freiheit, Bildung, finanzielle Sicherheit und das Hoffen auf ein langes Leben. Was wir daraus lernen? Gesundheit bleibt erstrebenswert. Wer sie einmal verloren hat, der würde sein letztes Hemd dafür geben, um sie wiederzuerlangen. Gesundheit ist das Elixier eines jeden Menschen. Sie erst gibt der Lebenszeit eine hohe Qualität.

## Entschluss zur Entschleunigung

Unsere Ressource Zeit ist eine erschöpfliche Ressource: Sie tickt unaufhaltsam, ob wir sie mit Glück oder mit Stress füllen. Sobald sich die Sonne am Abend senkt, ist ein Tag aus Ihrem Lebensrepertoire gestrichen. Keine Sekunde davon können Sie je festhalten. Ob Sie diesen Tag mit Hektik, Traurigkeit, Langeweile oder mit Freude gefüllt haben, das ist für das Ticken der Zeit nicht relevant. Sie schießt unbedacht Ihrer Gefühle wie ein Pfeil nach vorne – und kehrt nicht um. Sie haben keinen zweiten Versuch, um aus einem Tag eine bessere Version zu machen. Diese Einsicht führt bei vielen Menschen dazu, dass sie sich sagen: »Wenn ich schon die Zeit nicht zurückdrehen kann, dann will ich ihr mehr Intensität abtrotzen.« Sie packen Zusatztermine, -aufgaben und -projekte in den Tag und glauben, die Zeit zu überlisten und dabei Glück zu empfinden.

Smart und fit, mobil, auf jeden Fall flexibel, das sind die Mottos der digitalen Businesswelt. Die Crux ist nur, dass eine Leistung von

120 Prozent eben doch nicht glücklich macht und auch das Lob des Chefs so schnell verpufft wie die Worte dauern. Der Gehirnforscher Gerhard Roth schreibt dazu nicht ohne Augenzwinkern: »Die Theorie wird ›hedonische Tretmühle‹ genannt. Man will damit ausdrücken, dass man sich in der Suche nach dem Glück abmühen kann, wie man will, man kehrt nach dem kurzen Glücksrausch wieder in den alten und eher neutralen Emotionszustand zurück; dasselbe gilt auch für das Negative im Leben.« (2) Vor diesem Hintergrund scheint es sinnlos zu sein, wie ein Jäger unentwegt der Leistung hinterherzurennen. Besser ist es, planvoll zu sein, den Wechsel aus pianissimo und fortissimo zu pflegen. Alles andere setzt den Körper unter Stresskaskaden. Heute ist das gesundheitsgefährdend. In Urzeiten war es lebensrettend.

Heute gibt es keine Säbelzahntiger mehr, weder vor Ihrer Haustüre noch in Ihrem Büro, und doch reagieren Sie häufig, als würde diese Todesgefahr lauern. Sie lassen sich unter Stress setzen, als müssten Sie um Ihr Leben rennen. Dabei rügt Sie vielleicht nur Ihr Chef, nörgelt nur der Ehepartner, drohen Verluste von Arbeitsplatz, Anerkennung, Status. Kleinigkeiten, wenn wir diese Attacken mit denen der Frühzeit vergleichen. Damals ging es ums pure Überleben. Heute geht es um das Erreichen eines guten Gefühls.

Der Adrenalinstoß aber ist damals wie heute gleichermaßen vorhanden. Deshalb raten wir Ihnen: Spüren Sie diesen Stoß – und geben Sie ihm ein Ventil: Schließen Sie die Bürotür und trampeln Sie auf der Stelle, machen Sie fünfzig Liegestütze oder hängen Sie sich einen Sandsack an die Decke, um Ihre Wut, Ihren Ärger, Ihre Angst dort hinein zu boxen. Wie schön, wenn Sie diese Chuzpe haben. Wenn nicht, dann lassen Sie spätestens am Abend Ihren Druck ab, indem Sie zum Beispiel Musik laut aufdrehen und singen, indem Sie durch die Wohnung tanzen oder um den Häuserblock laufen, als wäre der Tiger hinter Ihnen her. Bauen Sie die Energie ab, die Sie im Übermaß in sich haben. Besser Sie tun das um einige Stunden zeitverzögert als gar nicht. Und dann genießen Sie eine Weile die Ruhe in sich. Damit wird Stress zu einer handhabbaren Nebensache. Es würde zu einem natürlichen Spiel aus Anspannung und Entspannung. Nur leider sieht die Etikette im Job solche Kapriolen nicht vor und leider sind Sie abends oft müde. Wohin also mit dem Cortisol, das nun entsteht? Nach allen Regeln der Medizin gelangt es in Ihren immunologischen Kreislauf – und baut sich bei fehlendem Ventil nicht ab: Auf Dauer bricht Ihr feinabgestimmtes System zusammen.

Situativer Stress und damit einhergehende Adrenalin-, Noradrenalin- und Cortisolschübe sind im Manageralltag Normalität, in einem erhöhten Dauerzustand allerdings sind diese Schübe für Körper und Geist schädlich. Dort, wo Sie Ihre angeborene gesundheitliche Schwäche haben, werden Sie die Symptome über kurz oder lang spüren: Traurigkeit, Erschöpfung, Konzentrationsmangel, Verspannung, Magen-Darm-Störungen und Herz-Kreislauf-Beschwerden. Das, was Sie tagsüber nicht lösen können, nehmen Sie mit in die Nacht. Schlaflosigkeit ist die Folge. Dieser Schlafmangel in der Nacht erzeugt die Unkonzentriertheit am Tag. Drehen wir die Spirale weiter, dann folgen morgens Aufputsch- und abends Beruhigungsmittel. Damit endet die körpereigene Selbstregulierung. Auch Selbstfürsorge wird in diesem Stressstadium zu anstrengend und es kann sein, dass Sie vergessen, regelmäßig zu trinken und zu essen, sich zu pflegen. Anstelle einer ausgewogenen Ernährung treten Genussmittel – Kaffee, Alkohol, Zigaretten, Süßigkeiten. Die sind jedoch die denkbar schlechtesten Ventile für Ihren Stress. Und nicht selten verliert ein Mensch in dieser Spirale den Sinn für die wirklichen Gefahren. Dann wird das Handy auf der Autobahn bei Tempo 200 auf der Überholspur gecheckt oder eine rote Ampel wird übersehen.

Mit dem Blütenblatt 5 möchten wir Sie dafür sensibilisieren, dass Stress heute nicht mehr Flucht oder Kampf bedeutet, sondern eines klugen und aufmerksamen Managements bedarf, für das Sie zunächst Ihre persönlichen Stressoren ermitteln müssen.

## Stressoren, die Feinde des Glücks

Mögen auch Experten allgemeingültige Begriffe wie Globalisierung, Wirtschaftskrisen, Mobilität als Stressoren bezeichnen, so gilt doch:

Am Ende definieren Sie selbst, was für Sie Stress bedeutet. Denn der ist abhängig von Ihrem persönlichen Lebensgepäck. Ihre Werte, Ansprüche, Erlebnisse, Ihre Niederlagen hinterlassen Gewichte, die Sie durch den Alltag schleppen.

Wie Sie mit Konflikten umgehen, bleibt einzig abhängig von dem Muster in Ihrem Gehirn. Wenn wir bedenken, dass dort rund 100 Milliarden Neuronen sich mit rund 200 000 Fasern anderer Nervenzellen verbinden können, dann erhalten wir eine Ahnung von dieser wunderbaren Vielfalt, dann wird klar, dass sowohl das Glücks- als auch das Stressempfinden eine Sache der Persönlichkeit ist. Mag der eine zufrieden sein, wenn er seinen Acht-Stunden-Tag allein im Büro verbringt, um an seinen Aufgaben zu tüfteln, weil ihm genau das ein gutes Gefühl gibt. Mag ein anderer die Bühne lieben, weil sie ihm die Aufmerksamkeit der Kollegen und den Applaus sichert. Er will reden und gehört werden, das Bewundern seiner Leistung ist ihm ein Antreiber. Ein dritter fühlt sich wohl, wenn Menschen sich ihm öffnen, von Problemen und Ängsten erzählen, dann nämlich kann er trösten und begleiten und seine gesamte Empathie zeigen. Was uns triggert, das lässt sich nicht verallgemeinern und schon gar nicht von Chefs, Partnern oder Freunden verordnen. Es lässt sich nur durch Selbstwahrnehmung feststellen – und damit sind Sie gefragt. Leider aber bricht diese Selbstwahrnehmung zusammen, sobald Sie dem Stress zu viel Raum geben. Leistungssteigerung mutiert dann zu einem übertriebenen Erfolgswillen, die Sensibilität für das Machbare verkümmert.

Erinnern Sie sich an das Vorwort in diesem Buch? Der Hochleistungssportexperte Dr. med. Klaus Gerlach betont, dass Stress den Körper in einen Ausnahmezustand versetzt, ihn über sich hinauswachsen lässt. Ohne Stress blieben wir alle im Mittelmaß stecken und würden niemals erfahren, wo unsere Grenzen sind. Vor jeder außergewöhnlichen Leistung steht der Stress. Selbst der Glücksmoment ist nicht stressfrei zu ertragen. Sobald wir den normalen Kreis unseres Wirkens verlassen und jenseits der bislang gezogenen Grenzen nach Frischluft schnuppern, erfahren wir eines: persönliches Wachstum. Und wer einmal vor Freude weinte, wessen Herz vor Übermut sich geradezu überschlug, wessen Magen sich vor Lust zusammenzog und wer einen warmen Schauer der Zufriedenheit auf der Haut spürte, wer sich die Augen vor Überraschung rieb, der weiß, wovon wir reden: Glück und Stress berühren gleichsam die Sinne.

Stress, so stellte Hans Selye, der Mediziner und Pionier in der Stressforschung fest, sei die Würze im Leben. Ja, das finden wir auch, möchten jedoch frei nach Paracelsus hinzufügen: Die Dosis macht das Gift. Deshalb möchten wir Ihnen nahelegen, Ihren Stress auf der einen Seite als täglichen Schub zur Leistung zu nutzen und auf der anderen Seite nicht zu vergessen, sich täglich zu entgiften. Das erreichen Sie, wenn Sie Ihren Stress in Grenzen halten. Die Dosis Cortisol steigt nämlich exponentiell zu Ihrem Ehrgeiz, mehr leisten zu wollen. Je mehr Sie den Kick zum Erfolg suchen, desto hartnäckiger setzt sich der Stress in Ihnen fest. Besonders Menschen, die sich mit Begeisterung in ihre Projekte stürzen, sind hier gefährdet. Sie überhören häufig die ersten Signale zur Ruhe. Um es auf den Punkt zu bringen: Nur wer für seine Sache brennt, der kann ausbrennen, und genau in dieser Wahrheit liegt die Chance, den Stress zu vermeiden.

Fragen Sie sich:

- Wofür brenne ich?
- Welche Aufgaben machen mir eine derartige Freude, dass ich dabei Zeit und Raum vergesse?
- Wann vernachlässige ich meine Familie, meinen Sport, meine Pflichtaufgaben, nur um mich meiner Lieblingsaufgabe zu widmen?
- Wann schlägt die Freude in erste Anzeichen von Unruhe oder Schmerz um?
- Wann fühle ich mich erschöpft und wie reagiere ich dann?
- Wann kippt die Waage aus Geben und Nehmen, aus Engagement und Ertrag?

Die ehrliche Bestandsaufnahme ist ein Teil der Prophylaxe gegen gesundheitsgefährdenden Stress. Leider aber kommen besonders Manager erst in unsere Praxis, wenn der Zusammenbruch erfolgte. Natürlich erkennen wir den Grad des Stresses bereits an Körperhaltung und Gesichtsausdruck. Dennoch wollen wir unseren Klienten schwarz auf weiß zeigen, wo sie aktuell stehen – und das funktioniert mit dem AVEM-Test (Arbeitsbezogenes Verhaltens- und Erlebensmuster nach

Uwe Schaarschmidt und Andreas W. Fischer). (3) Er gliedert sich in vier Stressmuster, die wir für unsere Lotus-Strategie adaptiert haben:

### Muster 1 – Prophylaxe

Menschen mit diesem Muster weisen eine hohe, aber nicht exzessive Bereitschaft auf, viel zu geben. Sie sind ausgeglichen, zeigen eine innere Ruhe, nehmen ihr Umfeld wahr und sind bereit für eine soziale Unterstützung, die sie auch meist selbst erfahren. Sie verausgaben sich aber nicht, weil sie ihre Grenzen für ihr Engagement kennen. Sie resignieren nicht vorschnell. Außerdem zeigen sie die Fähigkeit, sich von beruflichen Ärgernissen zu distanzieren oder wenn es sinnvoll erscheint, diese offensiv zu bewältigen.

Eine Frau, ein Mann, die derart sensibel auf Dysbalancen im Alltag achten, die haben eines im Sinn: einem negativen Stress zuvorzukommen. Sie warten nicht ab, bis das hormonelle System überfordert ist, bis sich körperliche Beschwerden oder kreisende Gedanken festsetzen. Ihre Zufriedenheit ist ihnen ein hohes Gut und deshalb suchen sie sehr frühzeitig nach entspannenden Techniken, nach einer ausgewogenen Ernährung, nach einem individuellen Zeitplan, um den Tag nach ihrem Takt zu gestalten. Diese Klienten sind ein Traum für jeden Stressberater. Würde uns eine Fee nach einem Berufswunsch fragen, wir würden antworten, dass wir diese frühzeitige Selbstwahrnehmung und diesen Entschluss zum Handeln von jedem einzelnen unserer Kunden erhoffen dürften. Damit würde es auch Ihnen leicht fallen,

- bei unliebsamen Aufgaben schlichtweg Nein zu sagen,
- sich im Kalender eine Lücke für die tägliche Entspannung freizuhalten,
- auf ausgewogene Ernährung zu achten,
- mindestens 6,5 Stunden nachts zu schlafen,
- sich immer wieder selbst durch positive Gedanken aufzurichten.

Besonders der letzte Punkt birgt einen versteckten Sprengstoff für Stress. Achten Sie einmal darauf, wie oft Sie sich selbst durch negative Gedanken belasten. Sie kommen zu spät zu einem Termin, hetzen durch den Flur und schimpfen sich »einen Idioten«. Sie vergessen, Unterlagen einzupacken, bemerken dieses Minimalheur auf dem Weg zur Arbeit, wenden das Auto an der nächsten Kreuzung und schimpfen mit sich wegen dieser Schusseligkeit. Selbstvorwürfe zerstören jedes gute Gefühl.

Mit nur einem kleinen Switch in das positive Denken, mit einer Gelassenheit und Verzeihbarkeit sich selbst gegenüber, können Sie diesem Stress die Spitze nehmen: Sie kommen zu spät? Das lässt sich in diesem Moment nicht ändern. Entschuldigen Sie sich dafür bei den anderen, lächeln Sie nach innen und sagen Sie sich: »Beim nächsten Mal wird alles besser.« Sie haben Ihre Unterlagen vergessen? Prima, dass Sie es bemerkt haben! Ein stressreduzierender Satz wäre hier: »Das ist menschlich. Dann drehe ich eben um, hole die Unterlagen und noch einen Kaffee für unterwegs.«

Bedenken Sie die alte buddhistische Weisheit, die besagt, dass aus Gedanken Worte werden, aus Worten Taten, aus Taten Schicksal. Als Beraterinnen möchten wir diese Kausalität ein wenig abwandeln und sagen: aus Gedanken wird Stress und aus Stress wird ein gestörter Hormonhaushalt und daraus wird ein kranker Mensch. Ein wichtiger Lösungsschritt liegt darin, Ihre Gedanken bewusst ins Positive zu verändern.

### Muster 2 – Unterforderung

Der Patient mit dem Muster 2 hat sich in seinem Arbeitsumfeld arrangiert. Er brennt nicht für seine Aufgaben, denn sie langweilen ihn, sind längst zu einer Routine geworden und Sternstunden im Business erlebt er nicht mehr. Er nimmt seine Unterforderung als gegeben hin. Er hat weder Lust, Kraft noch Energie, seine Situation zu ändern.

Aus motivationspsychologischer Sicht ist dieses Verhalten bedenklich, denn der Klient beginnt sich in einen Kreislauf aus Schonung, ausbleibendem Erfolg und damit fehlendem Kompetenzerleben zu drehen. Er verliert den Blick für seine persönliche oder berufliche Weiterentwicklung. Stagnation ist die Folge. Meist wird eine Zeit lang Energie aus dem privaten Bereich geschöpft und in das brachliegende Berufsfeld getragen. Dennoch gibt es keine Impulse mehr für Wachstum, keinen Antrieb für Erfolg. Sein Dilemma besteht aus 40 Stunden Arbeitszeit in der Woche an einem Ort, an dem er nicht sein will. So lässt sich kein Lebensglück gestalten, allenfalls blinkt mal ein zufälliges Miniglück auf.

### Muster 3 – Herzinfarktgefahr

Es ist wissenschaftlich längst bewiesen: Ein Mensch mit dem Muster 3 unterliegt einem erhöhtem Risiko, eine Herz-Kreislauf-Erkrankung zu erleiden, insbesondere dann, wenn dieses Muster mit psychischer Labilität und negativen Emotionen einhergeht. Er arbeitet bis zur Erschöpfung. Er steht unter Anspannung, der Druck ist ihm im Gesicht geschrieben. Oft zucken Augenlider oder Mundwinkel. Er neigt zur Schweißbildung und zu roten Flecken am Hals: »Keine Zeit« sind die zwei Worte seiner Wahl. Er lebt für den Job. Er will auf der Karriereleiter ganz nach oben. Von sozialen Aktivitäten hat er sich längst verabschiedet und auch seine Ehe steht meist vor dem Aus. Egal, mag er denken, die Arbeit wird ihn über Sentimentalitäten hinwegtragen. Nur droht ihm mit dieser Rasanz und mit diesem Mangel an Empathie über kurz oder lang der Herzinfarkt.

Die Klienten mit den Mustern 1 bis 2 suchen nach einer präventiven Begleitung, weil sie spüren, dass sie mit kleinen Veränderungen ihre Zufriedenheit steigern können. Es geht ihnen nicht um gänzlich andere Richtungen, um den großen neuen Wurf. Vielmehr möchten sie ihrem Leben jene Facetten hinzufügen, die es bereichern. Oftmals wird daraus eine Spurensuche im eigenen Potenzial.

Klienten mit dem Muster 3 benötigen sofortige Hilfe, um aus dem schädigenden Teufelskreis aus Verausgabung, Überforderung und Unzufriedenheit auszusteigen. Für diese Klienten geht es häufig um ganz neue Richtungen im Denken und Handeln, die mit Hilfe unserer Unterstützung eingeschlagen werden.

Wir identifizieren zunächst die persönlichen Stressoren. Wir fächern sinnbildlich die Lotusblüte auf. Jedes der nun sichtbaren sieben Blütenblätter hat eine Bedeutung für den Körper und den Geist: Akzeptanz,

Veränderung, Werte, Alpha, Sinne, Netzwerk und Lösung. Wir fragen zum Beispiel: Woran leidet Ihre Seele? Diese Anteile des Stresses liegen oftmals tief und bedürfen einer behutsamen Bergung. Wir stellen fest, was sich im Alltag des Klienten verändern lässt und was er schlichtweg akzeptieren sollte. Wir sehen uns seine hinderlichen Glaubenssätze an, die ihm oftmals die Leichtigkeit nehmen und wir entwickeln einen Zeitplan für seine Aufgaben, passend zu seinem Temperament. Wir finden sogenannte falsche Freunde, die mehr Kraft kosten als Energie geben. Und wir nähern uns seinen Stärken, mit denen er Großartiges erreichen könnte, wenn er sie bewusst einsetzen würde. Hier entsteht ein weiter Raum für Interpretationen. Bei dem Lotusblatt für die Sinne, das wir in diesem Kapitel beschreiben, hören wir auf mit Gedankenspielen. Denn hier geht es um Ihre Gesundheit. Und Ihre Gesundheit braucht Regeln.

### Muster 4 – Burnout-Tendenz

Leider offenbart der AVEM-Test manchmal ein problematisches Muster: die Tendenz zum Burnout. Menschen mit diesem Muster haben nicht selten einen langen Stress- und Leidensweg hinter sich. Sie waren einst stark, durchsetzungsfähig, beseelt von ihrer Leistung. Mittlerweile haben sie resigniert. Die Kräfte sind am Ende und ihre Motivation auch. Sie sind wie leere Batterien ohne ein Fünkchen Energie. In dieser Leere kann sich keine Freude mehr verankern. Eine Idee von Leistung haben diese Klienten oft nicht mehr, denn ihr Stresssystem ist vor langer Zeit kollabiert.

Sind wir nach intensiver Diagnostik der Meinung, einen ausgebrannten Menschen vor uns sitzen zu haben, so zögern wir keine Sekunde, diesen Klienten den Fachmedizinern zu übergeben, um unserer psychologischen Unterstützung eine weitere fachliche Komponente hinzuzufügen.

Wer ein Muster 4 vorweist, muss sich je nach Umfeld vielleicht auf einen langen stationären Aufenthalt einstellen. Häufig muss er mit einer andauernden Arbeitsunfähigkeit rechnen. Denn ein Burnout birgt massive, oft lebensbedrohliche Gefahren: Durch den nicht mehr funktionierenden Cortisol-Serotonin-Ausgleich sind die Sinnesempfindungen gestört. Durch die massive Erschöpfung weist er Gedächtnislücken und Konzentrationsmängel auf. Durch die Fehlfunktionen von Herz-Kreislauf und Magen-Darm kann ein körperlicher Zusammenbruch erfolgen. Dieser Zustand kann zu Suizidgedanken oder zu Unfällen führen. Deshalb sprechen wir an dieser Stelle eine Warnung aus: Ein Burnout ist keine Sache für Trainer und Coaches und eignet sich nicht zur Selbstmedikation! Stress in diesem Stadium ist wie ein Geschwür – es frisst sich weiter durch den Körper und durch die Seele.

Menschen, die sich aus einem Burnout erholt haben, die werden hoffentlich achtsam sein und niemals wieder ihre Gesundheit dem Laufen im Hamsterrad opfern. Sie werden ihre wiedererlangte Gesundheit hoffentlich als Geschenk betrachten und sich oft fragen, wann es die ersten Anzeichen für Stress gab und warum sie diese ignorierten. Oft ist es der Druck, den Business und die hundert Pflichten und Konflikte täglich auf das Denken ausüben. Oft sind es auch die weiten, hochgesteckten Ziele, mit deren Erreichen viele Menschen ein Glück verbinden. Wir wiederholen gerne an dieser Stelle wie flüchtig Glück ist – nur eine Momentaufnahme im Leben. Stellen Sie einmal den lange währenden Stress den drei Sekunden Glückseligkeit gegenüber. Wir sind sicher, Sie werden sich über diese Asymmetrie wundern.

## Höher, schneller, weiter

»Nur noch dieses Ziel, dann verlangsame ich mein Tempo«, sagen sich viele Manager. Aber das Leben lehrt anderes – nach dem Ziel ist vor dem Ziel, es gibt immer Gründe, um atemlos zu bleiben.

Und bedenken wir, dass die Digitalisierung das Tempo im Handeln zusätzlich beschleunigt, dann sehen wir neben der körperlichen und emotionalen auch die geistige Gefahr. Denn wir stopfen Informationen in uns hinein wie Popcorn im Kino. Beides – zu viele Informationen und zu viel Popcorn – hat Konsequenzen. Zum ersteren zitierte *Focus online:* »Chronischer Stress kann zudem den medialen präfrontalen

Kortex schrumpfen lassen. Das beschreibt ein Team von Neurobiologen der Universität Yale im Fachmagazin ›Biological Psychiatry‹ in einer Veröffentlichung aus dem Jahr 2012. Der präfrontale Kortex ist daran beteiligt, Inhalte in das Gedächtnis zu integrieren und Ereignisse emotional zu bewerten. Die Prozesse, die im präfrontalen Kortex ablaufen, sind mitverantwortlich dafür, dass Menschen situationsangemessen handeln. Schrumpft dieser Hirnbereich, kann sich das laut der Wissenschaftler negativ auf die Entscheidungsfähigkeit, das Gedächtnis und die Kontrolle von impulsivem Verhalten auswirken. Das Ergebnis sei ein Gehirn, das weniger lernen und erinnern kann und anfälliger ist für Angst und Depressionen.« (4)

## Sieben Regeln für Ihre Gesundheit

Hand aufs Herz: Wissen Sie, was Sie täglich stresst? Haben Sie sich einmal in einer stillen Stunde überlegt, welche scheinbaren Kleinigkeiten an Verletzungen Sie täglich in sich hineinfressen? Ist Ihnen bewusst, wann Sie fremdbestimmt werden und damit Ihre eigenen Belange zur Seite schieben? Es gibt wöchentlich Hunderte dieser Marginalien. Eine einzelne ist nicht der Rede wert. Aber in Gänze ergeben sie eine munter sprudelnde, nicht versiegende Quelle von Stressoren. Wir finden es hilfreich zu wissen, was diese Quelle nährt.

Sehen Sie sich noch einmal die Tabelle in Kapitel 2 an. Dort haben Sie erfahren, welcher Stresstyp Sie sind, welche inneren und äußeren Antreiber Sie in das Chaos der Hormone stürzen. Was den einen lächeln lässt, bringt den anderen auf die Palme, das ist temperament-, kultur- und umweltbedingt. Kurzum: Ihre Stressoren sind eine Frage der Persönlichkeit und je klarer Sie das erkennen, desto wirkungsvoller werden Sie ihnen begegnen. Ein Perfektionist wird auch einmal fünfe gerade sein lassen können, wenn er um seine Liebe zum Detail weiß. Ein durchsetzungsfähiger Manager wird auch einmal in einer Diskussion gegenüber Kollegen milder sein können, wenn er um seine Verbissenheit weiß. Sobald wir unsere inneren Antreiber kennen, werden wir gelassener, reflektieren wir über passende Alternativen. Das zeichnet resiliente Menschen aus. Sie klammern sich nicht an alte Muster. Im Gegenteil. Sie streifen ab, was ihnen nicht gut tut, und suchen sich erquicklichere Aufgaben. Sie greifen auf ihre Ressourcen zurück, tragen Sorge für sich. Sie beachten die sieben Regeln der Gesundheit, die gleichsam eine Schutzmauer gegen schädlichen Stress sind.

**1. Lernen Sie Ihre inneren Stresstreiber kennen,** um sie kleinzuhalten und um sich nicht zum Sklaven von hinderlichen Glaubenssätzen und Verhaltensmustern zu machen.

**2. Meiden Sie Situationen, die Ihnen nicht guttun.** Sobald Sie spüren, dass Ihre Sinne alarmiert sind, dass Sie körperlich, mental oder emotional in einer heftigen Weise reagieren, beruhigen Sie sich mit den Worten: »Es geht nicht um Kampf oder Flucht. Es geht nicht um Leben oder Tod. Ich kann ruhig bleiben. Ich kann mich auf meine Kompetenz verlassen.« Und dann entscheiden Sie, ob diese Situation für Sie schädlich ist. Entscheiden Sie, ob Sie mit geradem Rücken und Zuversicht diese Situation annehmen oder sie zu Ihrem Wohlbefinden verändern können.

**3. Sorgen Sie für Inseln im Alltag.** In unserer digitalen Zeit werden Sie mit Informationen und Anforderungen nahezu überflutet. Nach acht Stunden Arbeitszeit muss eine Entspannung von mindestens zwei Stunden am Abend folgen. Mit Entspannung meinen wir weder das Konsumieren von TV-Sendungen noch das Problemgespräch mit Partner oder Kindern. Wir meinen damit Sport, Lesen, Meditieren, Musik hören, Spazierengehen, Freunde treffen. Als Faustregel gilt: Entspannung steht im Kontrast zu Anspannung. Sind Sie also tagsüber von Kollegen umgeben, dann suchen Sie Entspannung in der Stille. Arbeiten Sie im Einzelbüro fernab von Teams, dann wählen Sie ein Treffen mit Freunden. Wenn Sie tagsüber geistig gefordert werden, dann arbeitet Ihr Gehirn über weite Zeitstrecken im Beta-Wellen-Bereich, also auf Hochtouren. Um zu entspannen, wählen Sie die Meditation, die bringt Sie zurück in den angenehmen Alpha-Wellen-Zustand.

**4. Achten Sie auf Ihre Schlafhygiene.** Im Schlaf entgiften Körper und Gehirn. Nach neuen Forschungen sollte die Liegezeit nicht länger als acht Stunden dauern, die Schlafzeit in der Regel mindestens 6,5 Stunden. Es gibt Menschen – wenn auch selten –, die sich auch mit vier oder fünf Stunden Nachtschlaf ausgeruht und fit fühlen. Zur Schlafhygiene zählen ein gut gelüfteter Raum, eine unbedingte Regelmäßigkeit zum Einschlafen und Aufwachen, kein Alkohol vor dem Zubettgehen und ebenso keine schwere Mahlzeiten. Auch Streit und ein letzter Check der E-Mails sind tabu.

**5. Erhalten Sie sich die Freude an der Bewegung, bestenfalls in der Natur.** Körperliche Bewegung ist der beste Kanal, um Stress abzubauen. Zweimal wöchentlich schwitzen, lautet die Faustregel, um den gewünschten stressreduzierenden Effekt zu bewirken. Zudem, das dürfen wir Ihnen versprechen, kurbelt die Bewegung Ihre Kreativität an. Nirgendwo sonst erhalten Menschen mehr Geistesblitze als in der Bewegung. Sport ist eine besondere Art von Glück, die wir steuern können.

**6. Kennen Sie das?** Sie lesen Literatur, so schön, dass Sie diese Sätze am liebsten nie wieder vergessen möchten. Sie hören eine Musik, die Ihnen eine Gänsehaut über den Rücken jagt, oder Sie stehen vor einem Bild und staunen über diese Komposition der Farben. Kaum etwas berührt unsere Sinne mehr als Kunst. Sie kann eine Art von Glück sein und ein Rezept gegen Stress. Der Kuss der Muse erhöht im besten Falle die dopaminerge Energie.

**7. Knüpfen Sie an Ihrem sozialen Netzwerk.** Partner, Familie, Freunde sind ein Teil des Glücks im Leben. Aber Achtung. Wenn sie zu Energie- und Zeitfressern werden, wenn sie eher Probleme hinterlassen als Zuwendung geben, dann sollten Sie sich fragen, ob sich Ihr Einsatz für diese Beziehungen lohnt. Falsche Freunde sind Stresstreiber. Ständige Beziehungsquerelen kosten Kraft. Sprechen Sie darüber, wenn Ihnen das gute Gefühl abhanden kommt und fordern Sie ein wertschätzendes Miteinander ein. Sollte das auf Dauer nicht funktionieren, ist eine Distanz, zumindest für eine gewisse Zeit, angebracht. Dazu mehr im nächsten Kapitel.

## Abschalten, ja gerne – aber wie?

### *Eine Anleitung*

80 Prozent aller Führungskräfte leiden unter Schlafstörungen. Die sind sehr häufig das Resultat einer fehlenden oder mangelhaften Fähigkeit zum Abschalten von Beruf und Aufgaben. Aber die Kunst abzuschalten ist erlernbar.

Zwölf wertvolle Tipps und Ideen auf den Weg, wie Sie Ihre Abschaltfähigkeit trainieren können:

1. Beginnen Sie bereits am Ende eines Arbeitstages damit abzuschalten, indem Sie sich noch am Arbeitsplatz fragen: Was habe ich heute erledigt, welche Punkte sind offen geblieben? Seien Sie sich bewusst, dass Sie nicht jede Arbeit am Tag zu Ende bringen können.
2. Arbeiten Sie mit Tagesplänen und setzen Sie Haken auf Ihre Erledigungsliste. Das gibt ein Gefühl von Zufriedenheit.
3. Notieren Sie die Aufgaben für den nächsten Tag.
4. Etablieren Sie ein Tagesabschlussritual, das Ihrer Psyche signalisiert: Feierabend! Das kann zum Beispiel das Trinken einer Tasse Tee sein, eine kurze Atemübung oder das Ordnen der Unterlagen für den nächsten Tag. Praktizieren Sie dieses Ritual täglich, damit Ihre Psyche darauf konditioniert werden kann.
5. Nehmen Sie auf dem Weg nach Hause – ob im Auto, im Zug, auf dem Rad oder zu Fuß – die Umgebung ganz bewusst wahr. Schärfen Sie Ihre Sinne: Was sehen Sie, was hören Sie, was riechen Sie?
6. Um das Abschalten auf dem Heimweg zu pointieren, können Sie sich eine Ecke, ein Haus, einen Baum wählen, an dem Sie sich selbst versprechen: »Ab diesem Punkt denke ich nicht mehr an das Business.« Diese Marke wird zu Ihrer persönlichen Verpflichtung.
7. Wenn Ihre Gedanken im Laufe des Abends doch wieder zur Arbeit driften, dann schreiben Sie diese Gedanken auf. Kurz notiert bedeutet: aus dem Kopf aufs Papier und dann vergessen! Das gilt auch für nachts. Legen Sie sich vorsichtshalber Stift und Papier neben Ihr Bett, falls ein anderer Gedanke sich in den Schlaf drängt.
8. Sollten Sie sich am Abend mit arbeitsbezogenen Themen befassen (müssen), so tun Sie dies bitte mit einem zeitlichen Abstand

von mindestens zwei Stunden, bevor Sie zu Bett gehen. Das reduziert schlafstörende Grübeleien.

9. Tauschen Sie sich gerne mit Ihrem Partner über den Tag aus, aber tun Sie dies bitte nur für eine begrenzte Zeit. Vorsicht: Erzählen Sie noch spät am Abend über die Arbeit, dann nehmen Sie die Arbeit mit ins Bett und hindern sich am Ein- oder Durchschlafen.
10. Sorgen Sie zu Hause für eine kurze Zeit der Ruhe: Fünf Minuten kein Fernsehen, kein Radio hören, kein Gespräch beginnen. Auch Ihre Familie hält sich daran. Nehmen Sie sich bewusst Ihre fünf Minuten des Zuhause-Ankommens.
11. Arbeiten am Feierabend oder am Wochenende – das darf sein. Es sollte aber die Ausnahme und nicht die Regel sein. Wenn Sie in Ihrer Freizeit arbeiten, begrenzen Sie diese Zeit. Nehmen Sie sich im Anschluss Ihre Zeit für Erholung, um am Folgetag oder nach dem Wochenende wieder leistungsstark und fit zu sein.
12. Immer gilt: Vermeiden Sie Multitasking. Versuchen Sie, sich jeweils nur auf die Sache zu konzentrieren, die Sie im Moment erledigen wollen. Menschen, die die Dinge nicht gleichzeitig tun, sondern hintereinander, sind zufriedener und können nach einer erledigten Aufgabe besser abschalten.

## Mit allen Sinnen genießen

Wir sind es gewohnt, uns darüber auszutauschen, welche Belastung wir gerade im Alltag erfahren, was uns nervt, was uns anstrengt: der tägliche Stau oder der fordernde Chef. Erzählen wir davon, ernten wir oft verständnisvolle Blicke und hören im Anschluss vom Leid des anderen.

Wir möchten nun mit Ihnen die Perspektive wechseln und Sie dazu anregen, einmal darüber nachzudenken, welche schönen Momente Sie in Ihrem Arbeitsalltag erlebt haben.

- Was hat Sie zum Schmunzeln gebracht?
- Was hat Sie positiv überrascht?

- Worüber haben Sie sich heute gefreut?
- Welches Erlebnis konnten Sie heute besonders genießen?
- Welcher kleine oder große Erfolg hat Sie heute fröhlich gestimmt?

**Weniger ist oft mehr – eine Übung zum Genießen**

Beginnen Sie mit einer kleinen Übung, am besten zu Hause, vielleicht in Ihrer Küche. Nehmen Sie sich einfach einen Apfel (oder eine andere Frucht Ihrer Wahl) und achten dabei auf Ihre Sinnesempfindungen:

- Wie sieht dieser Apfel aus? Welche Farben hat er? Zeigt er kleine Muster auf der Oberfläche? Ist er rund oder hat er eine unregelmäßige Form? Ist er groß oder klein?
- Wie fühlt er sich in Ihrer Hand an? Ist die Oberfläche glatt oder an manchen Stellen rau? Ist er schwer oder leicht? Können Sie Ihre Hand leicht um ihn schließen oder müssen Sie sie weit öffnen?
- Wie riecht dieser Apfel? Erkennen Sie süßlichen Duft oder eine leichte Säure? Riecht er an manchen Stellen intensiver und an anderen weniger stark? Welche Gefühle nehmen Sie wahr? Gibt es Erinnerungen, die Sie mit dem Duft verbinden?
- Beißen Sie in den Apfel. Wie schmeckt der Apfel? Ist er süß oder sauer, verändert er nach einiger Zeit den Geschmack von sauer zu süß? Schmeckt er an manchen Stellen unterschiedlich? Wie ist die Beschaffenheit des Apfels? Beginnen Sie, die Apfelstücke in Ihrem Mund mit Ihrer Zunge zu erforschen. Beißen Sie bewusst ein- oder zweimal auf ein Apfelstück in Ihrem Mund. Wie verändert sich der Geschmack? Wie verändert sich der Speichelfluss?

Diese kleine Übung kann Ihnen einen ersten Eindruck davon geben, was Achtsamkeit ist. Achtsamkeit ist der Schlüssel für Ihre persönliche Genussfähigkeit. Und Genussfähigkeit ist ein Schutzfaktor im Stresserleben. Auch wenn wir unter Termin- und Arbeitsdruck leiden, können uns unsere Ressourcen – dazu gehört alles, was uns stärkt, also auch der Genuss – davor bewahren, uns im Stressrad zu verlieren.

Leider lassen wir den bewussten Genuss häufig nicht zu. Je nach

Stresstyp ertappen wir uns dabei, diesen einen besonderen Moment des Genießens ungenutzt vorbeiziehen zu lassen, weil wir uns von unseren Denkmustern unterbrechen lassen. So schlägt der Stresstyp »Hektiker« Alarm und drängt uns zur Eile, weil wir noch so viel auf dem Plan haben. Den Sonnenaufgang im Rausch seiner Farben auf sich wirken zu lassen, ist für ihn verschwendete Zeit. Der Stresstyp »Perfektionist« hingegen denkt sich, wenn er hier noch länger herumsteht und auf den Himmel starrt, wird er nie seine Aufgaben nach seinem Anspruch erledigt bekommen. Der »Kontrolltyp« hingegen wird den Sonnenaufgang gar nicht erst bemerken, weil er in seinen Gedankenkarussellen gefangen ist und der Blick für die besonderen Momente vernebelt ist.

Viele Manager nehmen sich keine Zeit für den Genuss. Anstatt sich bewusst eine Mittagspause in der Kantine mit einem anschließenden kurzen Spaziergang zu gönnen, essen sie einen Schokoriegel am Schreibtisch. Im schlimmsten Fall lassen sie die Pause einfach ausfallen, denn dann ist der Effekt der Zeitersparnis am größten. Doch genau dieses Verhalten führt zu erhöhtem Stress.

Wir empfehlen Ihnen: Nehmen Sie sich die Zeit, auch wenn es nur eine halbe Stunde ist, und genießen Sie bewusst Ihre Pause.

Eine gute Pause folgt zwei wichtigen Prinzipien: Distanz und Genuss. Bleiben Sie auf keinen Fall am Schreibtisch sitzen! Gehen Sie in die Kantine, zum Bäcker nebenan oder essen Sie Ihr mitgebrachtes Obst während eines kleinen Spaziergangs. Nehmen Sie sich Zeit für Ihr Essen und genießen Sie jeden Bissen ganz bewusst. Nehmen Sie wahr, wie Ihr Essen duftet, wie es im Mund seinen Geschmack entfaltet und wie sich seine Konsistenz auf der Zunge und am Gaumen anfühlt. Nehmen Sie wahr und genießen Sie. Wenn auch nur einen kurzen Moment, dafür allerdings ganz bewusst und mit Freude.

Folgende Tipps sollen Ihnen helfen, die kleinen Freuden des Alltags mehr genießen zu können. Regelmäßiger alltäglicher Genuss zaubert Ihnen ein Lächeln ins Gesicht, mindert Ihre innere Anspannung und reduziert den Stress auf genussvolle Weise.

**Vorfreude** Verlängern Sie Ihre genussvollen Momente, in dem Sie sie vorausplanen. Nehmen Sie sich pro Tag ein kleines Highlight vor, nur für Ihre Sinne. Planen Sie zusätzlich ein besonderes Highlight pro

Woche. So können Sie sich in sehr anspruchsvollen Situationen darauf fokussieren und sich darüber motivieren.

**Kleinigkeiten** Nutzen Sie kleine Genussfreuden, die sich Ihnen bieten. Das kann schon ein guter Witz Ihres Kollegen sein. Lassen Sie es zu, dass Sie von Herzen darüber lachen können. Auf dem Weg zur Arbeit blühen vielleicht gerade die Kirschbäume oder die Äste der Bäume sind im Winter wie mit Puderzucker bestreut. Genießen Sie den wunderbaren Anblick und nehmen Sie ihn bewusst in sich auf.

**Erlaubnis** Erteilen Sie sich die Erlaubnis, bewusst und intensiv zu genießen. Ob Sie lieber ein gutes Buch lesen oder einen Waldspaziergang machen und die Stille wahrnehmen wollen, die nur von leisem Zwitschern der Vögel oder vom Knacken der Äste unter Ihren Füßen durchbrochen wird, entscheiden Sie ganz allein. Was auch immer es ist: Genießen Sie einfach, was Sie persönlich genussvoll finden.

**Bewusstsein** Wenn Sie genießen, dann machen Sie dies ganz bewusst. Denn Genuss funktioniert nicht nebenbei. Nehmen Sie sich Zeit für Ihren persönlichen Genussmoment und nutzen Sie dabei all Ihre Sinne. Schieben Sie zu erledigende Dinge sowie hinderliche Gedanken zur Seite. Ihre genussförderliche innere Überzeugung könnte dabei lauten:

»Ich bin es mir wert, mit allen Sinnen bewusst zu genießen, und nehme mir auch die Zeit dafür!«

## Literatur


(1) Quelle: https://ptaforum.pharmazeutische-zeitung.de/index.php?id=8302. Abruf am 14.11.2016

(2) Roth, Gerhard: »Persönlichkeit, Entscheidung und Verhalten.« 9. Auflage 2015. Klett-Cotta, Stuttgart

(3) Schaarschmidt, Uwe, Fischer, Andreas W.: »Arbeitsbezogenes Verhaltens- und Erlebnismuster«. 3. Auflage 2008. Pearson, London.

(4) Quelle: http://www.focus.de/gesundheit/gesundleben/stress/symptome/bitte-entspannen-stress-laesst-das-gehirn-schrumpfen_id_4250445.html. Abruf am 11.11.2016

## Raum für Ihre Gedanken

# Blütenblatt 5 – Sinne

1 Wann haben Sie das letzte Mal nur an sich gedacht – an Ihre Gesundheit, an Ihr Wohlbefinden?
2 Wie tanken Sie Ihre Energiedepots auf?
3 Notieren Sie, was Sie bereits tun und was Sie zukünftig noch mehr für sich tun wollen.

Planen Sie für sich täglich eine kleine Freude ein, die ganz nach Ihrem Geschmack ist.
Planen Sie pro Woche einen genussvollen Moment ein, auf den Sie sich freuen können.

# KAPITEL 9
# **BLÜTENBLATT 6 NETZWERK**
# ZIEMLICH BESTE FREUNDE

»Wer glaubt, dass jeder Facebook-Kontakt ein Freund ist,
der weiß nicht, was Freundschaft bedeutet.«

*Mark Zuckerberg*

Teams chatten. Kollegen skypen. Man trifft sich zum Meeting im virtuellen Raum und twittert Satzfetzen, sammelt Followers oder Like-Junkies in den sozialen Netzwerken. Man glaubt, in dieser digitalen Manier Beziehungen zu pflegen. Man sagt Freund und meint …? Ja, was meint man eigentlich? Das Wort Freund verkümmert gerade zu einer Variablen. Ob ein Kollege vom anderen Ende der Welt, ob ein Mitbewerber auf den beruflichen Netzwerken oder ob ein Kommentator im Profil des sozialen Netzwerks: Sie alle sollen Freunde sein. Man hat sie nie gesehen, nie berührt, nie nach den Sorgen gefragt. Man kennt nicht ihren Geruch und auch nicht das kleine Zucken unter dem Augenlid, man hat den Eigenton ihres Lachens nie gehört. Was ihnen wirklich wichtig ist im Leben, das ist ein Geheimnis und wovon sie träumen, wird man nicht erfahren. Und doch sollen sie Freunde sein? Nein, sagen wir. Das sind Fremde. Und dieser Mangel an Freunden, den wir feststellen, ist ein Stresstreiber! Es wird Zeit, diesem Wort Freund wieder eine klare Definition zu geben: *Ein Freund ist ein Mensch aus Fleisch und Blut – und kein Avatar im Netz. Ein Freund ist einer, der keinen Neid, keine Gier, keine Missgunst kennt, einer, der mitten in der Nacht aufspringt, wenn Sie ihn brauchen. Er ist Seelentröster, Kritiker, Selbstbewusstseins-Booster. Er ist ein Stresskiller für Sie.*

Wir merken in unserer Beratung für Manager, dass eine Säule im Alltag gerade bröckelt. Es ist eine Säule, der vielleicht auch Sie zu wenig Bedeutung schenken. Dann steht an erster Stelle der Job, an zweiter die Familie. Sollte noch ein kleines Zeitfenster offen sein, wird Sport oder pure Entspannung dort hineingedrückt. Für soziale Kontakte aber, für die vierte Säule der Freundschaft, bleibt keine Zeit.

Kommt Ihnen dieses Ranking bekannt vor? Wahrscheinlich folgen auch Sie dem Trugschluss, dass ein paar Zeilen in den sozialen Medien ausreichen, um Freundschaften zu pflegen und Ihren Alltag in der Balance zu halten. Sollten Sie übrigens an diesem Punkt einwenden, dass Ihr Job Sie zu 120 Prozent beansprucht, so nehmen wir diesen Einwand sehr ernst. Natürlich hat auch Ihr Tag 24 Stunden und natürlich arbeiten auch Sie nach Prioritäten, die Ihnen oftmals die Projekte diktieren. Dennoch plädieren wir in unseren Beratungen dafür, den Aspekt der Freundschaft nicht aus den Augen zu verlieren. Er gibt

Ihnen Stabilität in Ihrem Sein, er ist ein wichtiger emotionaler Faktor für Ihre Zufriedenheit.

Aber es kann geschehen, dass diese Säule für eine Weile bröckeln darf, damit Sie sich selbst nicht verlieren. Im Leben gibt es Ausnahmesituationen, die ein fokussiertes Handeln erfordern. Das kann zum Beispiel ein Jobwechsel sein oder ein nächster Karriereschritt. Die Leitung eines neuen Teams oder eines weiteren Projektes kann Ihren Stresspegel für eine längere Zeit anheben. Um diese Herausforderungen zu meistern, benötigen Sie die Konzentration auf das Wesentliche. Das Treffen mit Freunden kann dann zum Zeitfresser werden. Nehmen Sie das wahr. Wir raten Ihnen auch hier, wie bei jedem unguten Gefühl, das Stressrad aus dem zweiten Kapitel in die Hand zu nehmen und sich zu fragen:

*»An welcher Stelle stehe ich aktuell? Kann es sein, dass ich gar keine Sehnsucht, keine Kraft in mir spüre, mich mit Freunden zu treffen, mich für deren Belange zu öffnen?«*

Dann hören Sie auf Ihre innere Stimme. Freunde halten einen Rückzug aus. Sie haben eine gewisse Zeit Verständnis für Ihre Stresssituation, wenn Sie ihnen mit ehrlichen Worten erklären: »Ich muss meine gesamte Kraft auf den Job bündeln. Nimm es bitte nicht persönlich, wenn ich mich vorerst zurückziehe. Unterstütze mich einfach nur mit deinem schweigenden Verständnis. Ich melde mich wieder, demnächst.« Ziemlich gute Freunde werden das verstehen. Sie werden zwar traurig sein, aber sie werden nicht drängeln und vor allem werden sie Ihnen nicht mit Vorwürfen begegnen, weil sie in einer empathischen Weise Ihre Situation erfassen. Denn ziemlich gute Freunde verlangen keine epischen Erklärungen. Sie sehen an Ihrer Ausstrahlung, welcher Belastung Sie aktuell ausgesetzt sind. Oft bemerken sie sogar vor Ihnen, wie der Stress Ihr Verhalten, Ihre Tonlage, Ihre Bewegung verändert. So gibt es aus unserer Sicht auf Ihr Outing nur eine Antwort: »Klar. Nimm dir die Zeit. Ich warte und wenn du mich rufst, dann bin ich da. Wird schon wieder!« Kein Vorwurf. Keine Rechtfertigung, nur ein Wahrnehmen der Situation – das sind wertvolle Reaktionen.

Im Moment der Belastung sind Ihre Freunde ein zusätzlicher Stressfaktor, so paradox das klingen mag. Nehmen Sie an, was ist und wenden Sie sich mit Ihrer Kraft dem Naheliegenden zu: Ihrer Gesundheit. Und an nächster Stelle betrachten Sie Ihre Karriere, die in die Schieflage gerutscht ist und darüber hinaus Ihrer Familie, die unter Ihren Stresssymptomen leidet.

Aber bitte vergessen Sie darüber nicht: Der Zeitraum, in dem Sie Ihre Freunde auf Abstand halten, muss begrenzt sein.

Unser folgendes Beispiel, das wir aus der Perspektive eines vernachlässigten Freundes erzählen, soll Sie daran erinnern.

***Keine Zeit für Freunde***

*Carsten erzählt noch heute von seiner ersten Begegnung mit Christian. Der stand eines Morgens vor der Klasse und ließ die Auge durch die Tischreihen wandern. Der Lehrer sagte: »Hört mal alle her: Das ist Christian, euer neuer Mitschüler. Wer kümmert sich darum, dass er einen leichten Start hat und sich bei uns wohlfühlt?« Carstens Hand schoss nach oben, der Neue gefiel ihm. Die Klamotten waren cool und sein Grinsen auch. Das war der Beginn ihrer Freundschaft, damals waren sie 14 Jahre, die Pickel sprießten und sie hatten noch das im Kopf, was man gemeinhin als Flausen bezeichnet. Christian wollte Pilot werden und er selbst Regisseur in Hollywood. Sie planten einen Trip nach Australien für ein Jahr und schworen sich, immer beste Freunde zu sein, ohne Geheimnisse und ohne Lüge. Den Trip nach Australien wagten sie tatsächlich, es war eine tolle Zeit. Was folgte, war das Studium, Christian entschied sich für internationales Management. Carsten studierte Filmwissenschaft, wollte seiner angeborenen Kreativität das Fachwissen hinzufügen. Bald geriet Christian in die Stressphasen der Prüfung. Er absolvierte die Semester im Schnelldurchlauf, erhielt ein Angebot einer angesehenen Unternehmensberatung, bevor er seinen Abschluss mit Auszeichnung machte, wurde als High Potential gehandelt. Zu Recht, fand Carsten. Und während er selbst die Zeit langsamer durchlief, hechelte Christian durch die ersten Jahre seiner Karriere. Er arbeitete von acht Uhr morgens bis ein Uhr nachts, für die Treffen in Freundschaft blieb ihm keine Kraft. Anfangs war Carsten enttäuscht über die Absagen des Freundes, verstand aber den Druck, dem Christian sich aussetzte. Aber irgendwann kamen ihm Zweifel, ob die Freundschaft noch wertvoll sei. Es gab keine gemeinsamen Erlebnisse mehr und auch keine Pläne. Christian schrieb E-Mails, später wurde es auch in diesem Kanal still. Mittlerweile sind fünf Jahre vergangen. Carsten weiß nicht mehr, wie es dem einstigen Freund geht. Er habe gehört, er sei ins Ausland gezogen, sei noch Single und stets unterwegs. Dabei wirkt er traurig und fügt an: »Stress tötet Freundschaften, das weiß ich nun.«*

Was Carsten vermutet, ist richtig: Freunde, die permanent Verabredungen verschieben, weil anderes dringlicher erscheint, die sitzen in der Stressfalle. Wenn wir das Stressrad aus Kapitel 2 noch einmal betrachten, dann befindet sich Christian wahrscheinlich auf Stufe 5. Das ist die Stufe, auf der gestresste Menschen ihren Wertehimmel verlassen. Was ihnen einst wichtig war, wird bedeutungslos. Sie führen Entschuldigungen an wie eine räumliche Distanz, den Mangel an Zeit, Müdigkeit, Druck in der Firma, Konflikt in der Familie. Sie empfinden ihr soziales Umfeld nicht mehr als Ressource für Kraft, sondern als zusätzlichen Energiefresser. Sie ziehen sich in sich selbst zurück und damit wählen sie ihre Einsamkeit. Für uns ist dieses Zeichen ein Alarm! Menschen sind soziale Wesen, sie blühen erst in guter Gesellschaft auf. Sie brauchen das Gefühl, geliebt und geschätzt zu werden. Wer dieses Gefühl als Last empfindet, der ist in einem hohen Maße gesundheitlich gefährdet. Drehen wir weiter an diesem Rad, dann folgt der Isolation die Depression, der Depression die Erschöpfung und dann die Sinnlosigkeit für das, wofür sie einst brannten. Am Ende stirbt das Selbstbewusstsein. Denn mit der Isolation verändert sich das Gehirn, es drosselt die Produktion eines Hormons, das Wissenschaftler als das Überlebenshormon bezeichnen.

## Oxytocin für das Selbstbewusstsein

Mit dem Blütenblatt 6 unserer Lotus-Strategie wollen wir die Produktion jenes Hormons ankurbeln, dass für Ihre zwischenmenschlichen Gefühle zuständig ist. Die gute Nachricht ist: Sie können das Niveau beeinflussen.

Kaum dass wir geboren sind, produziert das Gehirn das Bindungshormon Oxytocin. Es wird freigesetzt bei Berührung, Umarmung, bei einem tiefen Blick in die Augen, einem schönen Klang und angenehmer Wärme. Es ist ein Hormon, das die Sinne anregt und den Cortisolspiegel senkt. Kein Säugling würde überleben, gäbe es dieses Hormon nicht: Oxytocin wird deshalb bei Müttern im Überfluss produziert. Schon der Gedanke an ihr Neugeborenes lässt das Bindungshormon im Hypothalamus geradezu explodieren und auch das Baby wird überschwemmt davon. Mit den Jahren wird die Produktion zwar gedrosselt, weil ein erwachsener Mensch ohne fremde Hilfe überleben kann, aber doch bleibt ein gewisses Quantum notwendig, um voller Zuversicht und mit gutem Selbstwertgefühl durch dieses Leben zu gehen, um Liebe und Wertschätzung für andere Menschen zu empfinden. Solange Sie also Freundschaften pflegen, halten Sie Ihren Oxytocinpegel oben und das ist der beste Schutz gegen Versagensängste und gegen Selbstzweifel.

Mit dem Blütenblatt 6 motivieren wir Sie, das Oxytocin in Ihrem Gehirn zu steigern.

Damit meinen wir nicht einen Schub aus dem Nasenspray, so wie es findige Händler im Internet anbieten, sondern wir meinen ganz profan: Treffen Sie Ihre Freunde. Lachen Sie gemeinsam. Suchen Sie im Dialog eine Lösung für ein Problem. »Der Oxytocin-Fluss bei einer Person kann den Oxytocin-Fluss bei einer anderen Person anregen. Dadurch entsteht biochemische Synchronie, die für Fürsorge und gegenseitiges Engagement sorgt«, schreibt Barbara Fredrickson in ihrem Buch »Die Macht der Liebe« (1) und dieser Fluss – fügen wir hinzu – trainiert ebenso Ihre Spiegelneuronen. Sobald Sie in einer zugewandten Weise mit Menschen kommunizieren, nehmen Sie auf, was der andere empfindet. Sie werden durchlässig für die Gefühle der anderen. »Der Psychologe Ulf Dimberg von der Universität in Uppsala hat vor einigen Jahren gezeigt, dass dieser Spiegelmechanismus in subtiler Weise allgegenwärtig ist. Er präsentierte seinen Testpersonen eine Reihe von Porträtbildern mit der Anweisung, beim Betrachten derselben ja keine Miene zu verziehen. Auf den ersten Blick wahrten die Personen ihr

Pokerface. Doch dünne Kabel kontrollierten den Spannungszustand des Gesichtes.« (2) Was geschah? Sie ahnen es: Die Probanden lächelten, leicht, aber messbar. Es reichte aus, das Bild mit dem Lächeln nur 40 Mikrosekunden einzublenden, um eine ebensolche Reaktion beim Betrachter zu erzeugen. Und genau dieses Mitgefühl ist es, das unseren Kern als soziale Wesen ausmacht. Stärken Sie ihn. Dazu aber gehören mindestens zwei Menschen, die sich gerne begegnen.

## Mindestens zwei für die Zufriedenheit

Mal Hand aufs Herz: Wie viele Freunde haben Sie? Was wir in der Jugend an zwei Händen aufzählen, schrumpft mit den Jahren nach allen Regeln der Freundschaft auf zwei bis drei in mittleren Jahren zusammen. Die Gründe für das Schrumpfen finden sich in unterschiedlichen Lebensentwürfen, in Distanzen über Städte oder gar Länder hinweg oder manchmal auch in Neid oder Streit: Was einen früher verband, wurde mit der Zeit zum Störfaktor oder gar zum Energiefresser. Selten halten Freundschaften ein Leben lang und es ist ein Zeichen von persönlicher Entwicklung, wenn der Kreis sich verändert. Eines jedoch bleibt ein Maßstab für das Wort, das in der digitalen Welt aktuell den Wert verliert: Freunde schenken Ihnen Nähe, Vertrauen, Ehrlichkeit – und damit sind sie ein Glücksfaktor im Leben. Wenn wir den jährlichen Glücksreport der Vereinten Nationen ansehen, an dessen Spitze Dänemark regelmäßig steht, dann sind genau diese drei Faktoren treibend. Für die Dänen ist Glück das Wohlgefühl, das Menschen sich untereinander geben. Dänen nennen es Hygge und meinen damit, mit Freunden zu essen, zu reden, gemeinsam gelassen sein. Und genau diese Lebensweise stellt auch der deutsche Glücksatlas (3) als vorbildlich heraus. 2016 erschien er das erste Mal. Die Autoren der Studie machen vier Faktoren für die persönliche Lebenszufriedenheit verantwortlich. Menschen in Gemeinschaft sind tendenziell glücklicher, Krankheit und Arbeitslosigkeit sind dagegen Glückshemmnisse. Und schließlich spielt die eigene Mentalität eine wichtige Rolle, ob man dazu neigt, Dinge eher positiv zu sehen. So bilden ›Gemeinschaft‹, ›Gesundheit‹, ›Geld‹ und ›genetische Disposition‹ die vier großen ›G‹ der Glücksforschung«.

Sie dürfen sich also glücklich schätzen, wenn Ihnen auf Anhieb Menschen einfallen, in deren Gemeinschaft Sie sich aufgehoben fühlen, weil Sie sein dürfen wie Sie sind, weil diese Menschen bereit sind, mit Ihnen nicht nur den Erfolg zu teilen, sondern, wenn es sein muss, auch die Katastrophe.

---

**Booster für das Selbstwertgefühl**

Studien wie die Jacobs-Studie des Allensbacher Institutes (4) zeigen, wie Freundschaften zu Boostern für das Selbstwertgefühl werden können. Sie federn schlechte Stimmung, Depression und Stress ab, weil Freunde jene Sicherheit geben, die kein Kollegenkreis bietet: Aufgefangen zu werden, falls man stürzt. Das macht ein gutes soziales Netz im Privaten umso erstrebenswerter.

Lassen Sie doch bitte an dieser Stelle das Buch auf Ihre Knie sinken. Schließen Sie die Augen. Und denken Sie nach, wie viele Menschen in Ihrem Leben den Satz sagen würden: »Wenn du mich brauchst, dann bin ich für dich da!«

- Wie viele Menschen schätzen, lieben und anerkennen Sie so wie Sie sind?
- Bei wem müssen Sie nicht erfolgreich, mächtig, reich und stark sein?
- Wer ist mit Trost spendabel und mit Mitgefühl geradezu verschwenderisch?
- Wer wird Ihnen frei von Missgunst und Neid begegnen?
- Bei wem fühlen Sie sich mit jedem Thema, ob beruflich oder privat, gut aufgehoben?

Wir hoffen, Ihnen fallen mindestens zwei solcher vorbehaltlosen Freunde ein. Halten Sie dieses Bild einen Moment fest und empfinden Sie Dankbarkeit. Sie werden spüren, wie warm Ihnen wird, wie sich genau jenes Wohlgefühl ausbreitet, das die Dänen mit hyggelig bezeichnen.

Häufig fällt Männern bei dieser kurzen Übung die Ehefrau ein. Die meinen wir aber nicht, denn die würden Sie überfordern, wäre sie auch die Stellvertreterin für Freunde.

## Ein Notizbuch voller Namen

Wenn wir das Blütenblatt 6 das Blütenblatt der Freundschaft nennen, dann wollen wir damit betonen, dass es uns nicht um das Sammeln von Kontakten geht. Weder digital noch in der analogen Welt sollte das Ihr Ziel sein. Natürlich ist es wichtig, geschäftliche Beziehungen zu knüpfen, denn es ist kein Geheimnis, dass 60 bis 70 Prozent der Karrieren über Vitamin B gepusht werden. Nur sollten Sie nicht vergessen, diese geschäftliche Freundschaft von wahrer Freundschaft zu unterscheiden. Erstaunlich viele Manager stellen in unserem Coaching fest, dass ihr Notizbuch zwar gefüllt mit Visitenkarten ist, dass sie aber dennoch keine Freunde haben. Dann überlegen sie lange, wer ihnen beim Umzug helfen, auf die Kinder aufpassen, wer bei einem Beinbruch die Gartenarbeit übernehmen würde – und nach einer gefühlten Ewigkeit zucken sie mit den Schultern: »Keine Ahnung. So einen Freund hatte ich mal, aber den gibt es nicht mehr.« Und wenn wir nachhaken, ob sie solch einen Freund vermissen, sagt jeder einzelne von ihnen unumwunden: »Ja, sehr. Mit fehlt oft ein Gesprächspartner, einer, der mich wirklich versteht.« Diese Verlegenheit um Freundschaft ist ein Nebeneffekt der modernen Arbeitswelt.

Mobilität, Agilität, Flexibilität, das sind die aktuellen Schlagworte für eine gelingende Karriere. Da bleibt kaum Raum für Freundschaften, mögen Sie denken. Wir geben zu, dass es eines starken Willens bedarf, diesen Raum zu schützen. Oft geht es bei einem Neuanfang in einer fremden Stadt zunächst darum, sich selbst im neuen Umfeld einzurichten, sich generell zu orientieren. Wir raten Ihnen dennoch, unbedingt an alten Freunden festzuhalten, indem Sie die Zeitspanne zwischen den Treffen strecken und sich via Telefon oder E-Mail erzählen, was in Ihrem Leben bedeutsam ist, was Sie sorgt und was Sie freut – hier kann die Digitalisierung Brücken schlagen! Und doch sollten Sie in fremden

Städten auch neue Kontakte schließen, aus denen in Zukunft Freundschaften werden können. Lions-Clubs, Round Tables und Sportvereine bieten sinnvolle Plattformen, um sich abends zu verabreden. Denken Sie daran: Einsamkeit ist ein Stresstreiber, unter dem Manager häufig leiden, wenn sie projektbedingt häufig ihr Umfeld wechseln.

Es kann kein Zufall sein, dass wir zunehmend Anfragen nach Gesprächsstunden der besonderen Art erhalten. Dann rufen Manager der höheren Ebene an und erkundigen sich nach einem Termin, ohne ein Problem zu haben. Diese Männer – meist sind es Männer, weil Frauen seltener eine Freundschaft der Karriere opfern – wollen einfach nur reden. Sie suchen ein Gegenüber für den Augenkontakt, für die Aktivierung der Spiegelneuronen. Ein solches Gespräch mit einem Coach ersetzt kein Gespräch mit einem Freund, aber es kann für eine Weile eine Alternative sein. Es zeigt uns, wie es der menschlichen Natur entspricht, sich auszutauschen, gemeinsam zu denken, zu planen und ein empathisches Feedback zu erhalten.

### Skulpturarbeit

Ein gutes soziales Netzwerk zählt zu den effektivsten Schutzfaktoren, um gesund zu bleiben oder um eine Heilung zu beschleunigen. Und doch ist es uns wichtig zu erwähnen, dass Sie sich von energieraubenden Freunden verabschieden sollten und nur solche in Ihr Umfeld lassen, die Ihnen gut tun.

Um herauszufinden, welcher Freund Ihnen gut tut, indem er Ihnen in einer liebevollen Weise den Spiegel vorhält, und welcher nicht, weil er sie zu sehr fordert oder gar mit seinen Problemen überhäuft, bitten wir Sie um eine Skulpturarbeit. Diese Methode haben wir der Soziometrie entnommen und in unsere Strategie einfließen lassen.

Nehmen Sie ein Schachbrett und breiten Sie es vor sich aus.

Stellen Sie den Läufer in die Mitte. Das sind Sie.

Positionieren Sie nun die anderen Figuren, die die Namen Ihrer Freunde tragen, um den Läufer, also um Sie, herum.

Verändern Sie die Nähe und die Distanz dieser Figuren:

Wer Ihnen Kraft gibt, wer Sie inspiriert, wer Sie durch Tiefen im Alltag durch seine Anteilnahme und seinen Humor trägt, der erhält einen Platz in Ihrer Nähe.

Wer Sie Kraft kostet, keine Rücksicht auf Ihre momentane zeitlich enge Situation nimmt, wer mehr fordert als er gibt und Ihnen mit Ansprüchen und Vorwürfen begegnet, den halten Sie bitte auf Distanz.

Sehen Sie sich dieses Bild in Ruhe an – und entscheiden Sie sich dann konsequent, die Energieräuber auch im wirklichen Leben auf Distanz zu halten und Ihre Kraftgeber einzuladen, Erlebnisse mit Ihnen zu teilen. Diese Menschen, denen Sie nach Skulpturarbeit bildlich nahestehen, sind es wert, dass Sie sie umwerben. Hier ist das Geben und Nehmen im Einklang. Am besten bestellen Sie einen Tisch beim angesagten Japaner in der Stadt und laden diese Handvoll Freunde ein, einfach um Danke zu sagen.

## Kommunizieren in digitalen Zeiten

Fügen wir das Wort Freundschaft in den Business-Kontext ein, dann wird daraus das Wort Kollege. Kollegen müssen nicht unbedingt Freunde werden, können sich aber zumindest zu Vertrauenspersonen entwickeln. Denn wer sonst kennt das Unternehmen, dessen Werte, Ziele, aber auch Schwierigkeiten besser? Ein Kollege tritt Ihnen auf Augenhöhe gegenüber, er ist Diskussionspartner und hilft, Entscheidungen zu beleuchten. Vorausgesetzt das Vertrauen stimmt, darf er sogar Kritik und Wahrheit aussprechen. Allerdings setzt Vertrauen auch direkten Kontakt voraus. Und hier liegt ein Knackpunkt der Digitalisierung: Die Begegnung von Mensch zu Mensch nimmt ab.

Nicht zuletzt durch die zunehmende Flexibilisierung und Internationalisierung sind die Unternehmenszentralen nur noch Durchlauferhitzer für Karrieristen. Kennenlernen, Einarbeiten und dann den Job im Ausland weiterformen: Das ist heute oft die Devise besonders für die so genannten High Potentials. Enge Bindungen zu Kollegen sind da kaum noch möglich. Und wahrscheinlich streben auch Sie den nächsten Karriereschritt bereits an, verlassen Ihr Umfeld und treten aus dem aktuellen Kollegenkreis hinaus. Alles fließt, nichts scheint mehr verlässlich. Aus unserer Sicht kann das zu zwei Problemfeldern führen, die den Stress befeuern:

1. eine veränderte Kommunikation in anderen Kulturen,
2. ein verzögertes Aufbauen von Vertrauen und damit einhergehend eine erhöhte Konfliktgefahr.

## Die Gepflogenheiten der anderen

Wer Karriere machen will, der kommuniziert international. Die gängige Sprache in den Konzernen ist Englisch und die Wege verlaufen digital, vorwiegend via E-Mail. Eine E-Mail darf kurz, knackig, lässig sein – denkt man. Sie wird gelesen, gelöscht, auf Fehler muss man nicht achten – denkt man. Falsch.

Eine E-Mail sagt tausend Worte zwischen den Zeilen. Flapsige Sätze, unförmliche Anreden, fehlende Signaturen können auf geringe Wertschätzung hinweisen und fehlende Anhänge auf eine unkonzentrierte Phase. Rechtschreibfehler, Füllwörter und andere inhaltliche Redundanzen sind eine Beleg dafür, dass Sie Texte ungelesen und ohne Feinschliff versenden. Denn auch ein E-Mail-Text folgt der guten alten Poetik von Aristoteles, die im Groben besagt, dass ein Text immer aus drei Teilen besteht: Einleitung, Hauptteil und Schluss. Das gilt im nationalen wie im internationalen Kontext in gleichem Maße. Denn überall auf der Welt können Ihre E-Mails mitgelesen, kopiert, ausgedruckt und weitergereicht werden. Deshalb ist unser Rat: Nehmen Sie die Korrespondenz via E-Mail ernst wie das Schreiben eines Briefes. Auch der kürzeste Text gibt Hinweise auf Ihre Haltung zum Thema. Besonders in der internationalen Mail-Korrespondenz können Nachlässigkeiten ein Störfaktor im Vertrauensaufbau sein.

Noch prägender aber bleibt Ihre interkulturelle Kommunikation in persönlichen Begegnungen. Die Freude der Manager, die sich in ein anderes Land wagen, um ihre Karriere voranzubringen, erlischt just in dem Moment, in dem sie trotz bester Absichten in den kulturellen Fettnapf treten. Damit beginnt unter Umständen eine Stressspirale. Wir raten Ihnen dringend, sich vor einem Auslandseinsatz ausgiebig mit den Gepflogenheiten, Sitten und Riten des jeweiligen Landes vertraut zu machen. Das Lesen eines Buches und einiger Fachartikel reichen nach unserer Erfahrung nicht aus. Mitarbeiter aus Ministerien und politischen Stiftungen oder Mitarbeiter verschiedener NGOs durchlaufen eine mindestens sechsmonatige Ausbildung in Länderkunde, Kultur und Kommunikation. Wir fragen uns, warum die Wirtschaft denkt, diese wichtigen Wege abzukürzen? Es ist nun einmal förderlich für eine Karriere und auch den Unternehmenserfolg, wenn man weiß, dass in Asien ein Nicken mit dem Kopf keine Zustimmung bedeutet, sondern lediglich die Botschaft sendet: »Ja, ich habe dich verstanden.« In der Schweiz und in Südtirol bedeutet das Verwenden des Konjunktives nicht ein Zaudern oder eine Wunschvorstellung wie in Deutschland. Es bedeutet lediglich, höflich zu sein, was aber die Entschlusskraft nicht schmälert. Wer in den USA das Wort *problem* ausspricht, der wird als Pessimist angesehen. Probleme gibt es im Business nicht, sondern nur *issues* oder *concerns* – und die verlangen nach einem optimistischen Tun! Und was in Deutschland der Knigge empfiehlt, wie das Aufhalten einer Tür für eine Kollegin, das kann in den Niederlanden mit einer plumpen Anmache verwechselt werden. Sie sehen, es gibt zahlreiche scheinbar belanglose Gesten, die in anderen Ländern das Vertrauen schmälern und die bei Häufung zu ernsthaften Konflikten führen können. Beides können Sie vermeiden, wenn Sie sich auf wirklich jeden Auslandsaufenthalt intensiv vorbereiten – nicht nur thematisch, sondern auch länderspezifisch. Die Deutsche Gesellschaft für internationale Zusammenarbeit in Bad Honnef bei Bonn bietet hierzu eine Beratung in internationaler Kompetenzentwicklung speziell für Führungskräfte an (5).

## Die Ebenen der Kommunikation sind universell

Wenn Sie Ihre Stresskompetenz nach der Lotus-Strategie stärken, dann steht für Sie das gegenseitige Vertrauen im Vordergrund einer jeden Beziehung. Sie vermeiden Fehler, die den anderen verletzen können. Sie entscheiden, wie Sie Dinge bewerten, um sich und andere nicht zu belasten. Sie reduzieren Konkurrenzdenken und Machtspiele. Für Sie ist Kommunikation, egal in welchem Kontext oder in welchem Land, ein Instrument, um eine klare innere Haltung auszustrahlen.

Schwierigkeiten in der Kommunikation entstehen häufig durch eine Unstimmigkeit von verbaler und nonverbaler Ebene. Der Inhalt des Gesagten stimmt nicht mit der nonverbalen Kommunikation wie Mimik, Gestik und Körpersprache überein. Das ist beispielsweise der Fall, wenn Sie einen Mitarbeiter auf der sachlichen Ebene loben: »Das Konzept ist gut ausgearbeitet« und dabei gleichzeitig die Stirn in Falten legen. Wenn Sie dann noch hinzufügen: »Hätte ich Ihnen nicht zugetraut bei Ihrer Unordnung auf dem Schreibtisch«, weiß der Angesprochene gar nicht mehr, ob er nun gelobt oder gerügt wurde. Er muss entscheiden, auf welchem Ohr er die Nachricht empfängt. War die Beziehung bisher auf Offenheit und Vertrauen gebaut, dann wird die letzte Bemerkung keine Unklarheit erzeugen, sie wird einfach mit dem Gedanken: »Der Chef hat schlechte Laune, wer weiß, warum« abgespeichert. Hingegen erhält sie bei einem schwachen gegenseitigen Vertrauen ein immenses Übergewicht. Das Lob wird nicht mehr wahrgenommen, nur der Tadel hallt nach – und die Wut auf den Chef. So spult sich auf, was in einem Konflikt enden wird.

Nach Vera Birkenbihl kann eine störungsfreie Kommunikation nur fließen, wenn die Beziehungsebene für jeden Partner intakt ist. Das gilt für den kurzen Austausch an der Kaffeemaschine ebenso wie für ein Meeting. Voraussetzung dazu ist eine wertschätzende Haltung.

Sobald Sie nämlich eine Person als unsympathisch einstufen, ist es egal, welch freundliche Worte Sie finden. Ihr Gehirn sendet andere Signale und die verwandeln sich auf der Mikroebene zu kleinsten Reizen. Dies geschieht unbewusst und sogar bevor Sie Ihre Sätze formen.

Die Atmosphäre trübt sich, Sie bleiben wenig empathisch, es steht Ihnen quasi auf der Stirn geschrieben: »Ich mag dich nicht.« Ihr Gegenüber empfindet eine Irritation und Ihre Worte erreichen keine Resonanz auf der gefühlsmäßigen Ebene.

Um Vertrauen aufzubauen, sollten Sie sich Ihrer Wirkung bewusst sein! Die besteht, das hat der Psychologe Albert Mehrabian in den 1970er Jahren herausgefunden, zu 55 Prozent aus Körpersprache und Mimik, zu 38 Prozent aus Stimmlage und nur zu 7 Prozent aus dem Inhalt der Worte. Konkret: Wo immer Sie auf der Welt als Führungskraft überzeugen wollen, bleibt Ihre Körpersprache entscheidend. Deshalb ist unser Rat, um Stress in Gesprächen zu vermeiden:

Schaffen Sie eine vertrauensvolle Atmosphäre durch Blickkontakt, Lächeln und eine offene zugewandte Körperhaltung. Das Schlüsselbein ist auf Ihr Gegenüber gerichtet, die Füße ebenso. Die Handflächen zeigen nach oben. Ein Sprechen über die Schulter des anderen hinweg hinterlässt einen arroganten Eindruck und erzeugt wenig Impuls zum Handeln. Denn Sie triggern die Gefühle des anderen nicht.

## Der wunde Punkt in der Persönlichkeit

Wir möchten uns mit der Lotus-Strategie nicht in die Reihe der Kommunikationsratgeber einordnen, das ginge am Thema unseres Buches vorbei. Was uns als Stressforscher eher umtreibt, sind die wunden Punkte, auf die Sie in Gesprächen stoßen. Diese sind über viele Jahre hinweg durch sich selbsterfüllende Glaubenssätze entstanden und drängen Sie stets von Neuem in eine Konfliktsituation. Wie wir in dem Stresstypentest in Kapitel 2 aufgeschlüsselt haben, gibt es unterschiedliche Stressmarker. Je nach Persönlichkeitstyp wird ein Mensch zum Beispiel auf Termindruck mit einem Kick oder einer Resignation reagieren. Er wird Hitze, Lärm, Unruhe anders bewerten als ein Kollege, wenn die Profile unterschiedlich sind. Deshalb bitten wir Sie, noch einmal Ihre Stresstypenauswertung vorzunehmen und sich zu fragen:

1. »Welche Gesprächssituationen erzeugen in mir ein Stressgefühl?«
2. »Wann entsteht ein Konflikt und welche Gefühle gehen diesem Konflikt voraus?«

Diese beiden Fragen haben wir den jeweiligen Stresstypen in den Trainings gestellt und die Antworten als Beispiele in die Tabelle eingearbeitet. Ergänzen Sie Ihre eigenen wunden Punkte. Machen Sie sich Ihren Schmerz sichtbar. Erst dann können Sie bewusst gegensteuern und heilen.

| Stresstyp | Der wunde Punkt in der Kommunikation schmerzt, wenn |
|---|---|
| **1. Der Hektiker** | … lange um das Thema herumgeredet wird.<br>… wenn der andere keine Fakten liefert.<br>… wenn Gespräche ohne Ergebnis vertagt werden. |
| **2. Der Kümmerer** | … der andere ohne Frage nach dem Befinden sofort in medias res einsteigt.<br>… keine Worte der Wertschätzung fallen.<br>… die Bereitschaft, Hilfe zu leisten, ignoriert wird. |
| **3. Der Perfektionist** | … der andere seine Expertise nicht anerkennt.<br>… Fehler nicht thematisiert werden.<br>… der Zeitaspekt vor der Detailliebe steht.<br>… nicht genügend Zeit für die Erläuterung seiner These bleibt. |
| **4. Der Starke / Unabhängige** | … der andere Zweifel an der Arbeit äußert.<br>… Stärken nicht gewürdigt, sondern Schwächen betont werden.<br>… nicht genügend Redezeit vorhanden ist, um das Thema zu erläutern. |
| **5. Der Kontrolltyp** | … eine unklare Situation vorherrscht und das Ziel nicht messbar ist.<br>… Risiken drohen.<br>… vage Andeutungen fallen und es keine Möglichkeit zur Klärung gibt.<br>… Gespräche kein Ergebnis bringen. |
| **6. Der Vermeider** | … ohne Einleitung und Anleitung Neues verlangt wird.<br>… eine unbekannte Aufgabe überraschend erledigt werden soll.<br>… der Gesprächspartner zu einer Entscheidung drängt.<br>… scheinbar unlösbare Probleme diskutiert werden. |
| **7. Der Besondere** | … Richtlinien mehr beachtet werden als die Kreativität.<br>… Freiraum zum Handeln eingeengt wird.<br>… Kreativität nicht wertgeschätzt wird.<br>… Tadel statt Lob ausgesprochen wird. |

| **8. Der Dogmatische** | … zu viele verschiedene Argumente genannt werden.<br>… Kompromisse erwartet werden.<br>… Entscheidungen neu aufgerollt werden und eine Kursänderung erfolgt.<br>… der kulturelle Rahmen nicht dem eigenen Denkmuster entspricht. |
|---|---|
| **9. Der Beste** | … Kompetenz angezweifelt wird.<br>… Vergleiche nicht zum Sieg führen.<br>… mittelmäßige Aufgaben erbeten werden.<br>… Leistung nicht hervorgehoben wird. |
| **10. Der Skeptiker** | … Informationen vorenthalten werden.<br>… Andeutungen geäußert und Fakten nicht genannt werden.<br>… Arbeit und Ergebnis ignoriert werden.<br>… Ziele schwammig formuliert und nicht evaluierbar sind. |

## Die interdependente Konfliktspirale

Unterschiedliche Konflikte haben einen gemeinsamen Verlauf – werden sie nicht bearbeitet, spitzen sie sich zu und verhärten sich. Unser Modell der interdependenten Konfliktspirale verdeutlicht diese Eskalationstendenz. Es zeigt, wo die konfliktverschärfenden Interaktionen den Störfaktor pointieren. Die Devise lautet: In frühen Phasen des Konfliktes ist die Klärung leichter herbeizuführen.

Die interdependente Konfliktspirale entwickelt sich wie folgt:

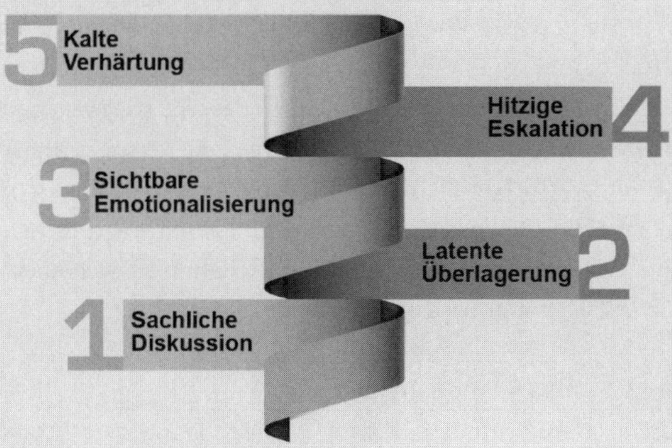

**Phase 1: Sachliche Diskussion**

Am Anfang eines Konflikts steht meistens eine sachliche Diskussion, beispielsweise über ein fachliches Thema. Es gibt eine inhaltliche Auseinandersetzung, also eine sachliche Divergenz, zwischen den Gesprächspartnern.

- **Was Sie in dieser Phase tun können:** Schaffen Sie eine angenehme Gesprächsatmosphäre. Vermitteln Sie Ihrem Gesprächspartner gegenüber Wertschätzung. Stellen Sie Fragen und signalisieren Sie darüber Interesse am Sachthema. Suchen Sie nach sachlichen Lösungen, zum Beispiel nach Gemeinsamkeiten, auf die sich beide Parteien einigen können. Vermeiden Sie persönliche Sticheleien, denn sonst droht der Konflikt in seine nächste Phase überzugehen.

**Phase 2: Latente Überlagerung**

Es kommt zu einer Vermischung von Sach- und Beziehungsebene, der psychologische Nebel zieht auf. In dieser Phase hebt sich die Diskussion auf die emotionale Ebene. Jedoch findet die Überlagerung latent statt. Mindestens eine der Konfliktparteien verspürt Irritation und Verärgerung. Die Stimmungsveränderung wird weder ausgesprochen noch gezeigt. Lediglich das Bauchgefühl erfährt eine Störung.

- **Was Sie in dieser Phase tun können:** Überlegen Sie, woher Ihr Bauchgefühl kommt. Fokussieren Sie die Sachebene, indem Sie die Überlagerung ansprechen. Fragen Sie sich: »Um was geht es im Moment eigentlich?« Seien Sie bereit zum Perspektivenwechsel und versuchen Sie die Sichtweisen Ihres Gegenübers nachzuvollziehen. Sollte sich Ihr Bauchgefühl zuspitzen, sprechen Sie Ihre Verärgerung in Form von Ich-Botschaften an: »Ich habe das Gefühl, wir entfernen uns vom Thema.«

**Phase 3: Sichtbare Emotionalisierung**

Emotionalisierung bedeutet, dass in dieser Phase eines Konflikts nicht mehr nur das fachliche Thema im Vordergrund steht, sondern dass das Problem personalisiert wird. Man diskutiert plötzlich nicht mehr über die Sache, sondern man greift sein Gegenüber als Person an. Provokationen, Zynismus und pauschalisierende Angriffe verlagern den Konflikt nun sichtbar auf die Beziehungsebene.

- **Was Sie in dieser Phase tun können:** Bleiben Sie beim Thema! Greifen Sie Ihren Gesprächspartner nicht in seiner Person oder seiner Charaktereigenschaft an. Zeigen Sie Ihrem Gesprächspartner, dass Sie ihn als Person akzeptieren. Hören Sie aktiv zu und sprechen Sie seine Emotionen an: »Ich verstehe Ihre Wut und gleichzeitig ist es wichtig, dass …« Nehmen Sie so die Schärfe aus der Diskussion. Verzichten Sie unbedingt auf einen Schlagabtausch.

**Phase 4: Heiße Eskalation**

In dieser Phase scheint das eigentliche Thema der Auseinandersetzung längst vergessen. Es werden andere – vorher unbeteiligte – Personen in die Auseinandersetzung involviert. Die beiden Konfliktparteien suchen sich »Verbündete«. Wenn ein Konflikt schon so weit fortgeschritten ist, kann es zu persönlichen Angriffen, Diffamierungen und Mobbing kommen. Es wird viel Zeit und Energie in den Konflikt investiert; die Arbeitsleistung sinkt, der Stresslevel steigt in eine schädliche Höhe.

- **Was Sie in dieser Phase tun können:** Vermeiden Sie es, über Ihren Konfliktgegner in Gegenwart von dritten Personen herzuziehen. Das stachelt den Konflikt nur noch mehr an. Versuchen Sie, die Diskussion aufrechtzuerhalten, und klären Sie Störungen auf der Beziehungsebene. Bitten Sie eventuell einen unbeteiligten Dritten hinzu, der die Rolle des Moderators oder Vermittlers übernehmen kann.

**Phase 5: Kalte Verhärtung**

Ist ein Konflikt auf dieser Stufe angelangt, herrscht zwischen den Konfliktparteien sozusagen Kalter Krieg. Es wird nicht mehr kommuniziert, der Kontakt wurde abgebrochen. Es besteht die Gefahr einer »inneren Kündigung«.

- **Was Sie in dieser Phase tun können:** In dieser Phase ist es nur noch möglich, den Konflikt mit Hilfe von außen zu bearbeiten, damit sich die beiden Konfliktgegner nicht endgültig resigniert zurückziehen, sondern sich eine Bereitschaft erarbeiten, um den Gesprächsfaden neu aufzuwickeln.

## Literatur

(1) Fredrickson, Barbara: »Die Macht der Liebe«. 2014. Campus, Frankfurt, S. 70

(2) Spitzer, Manfred, Bertram Wulf: Braintertainment«. 2007. Schattauer, Stuttgart, S. 114f.

(3) Quelle: https://www.tagesschau.de/inland/gluecksatlas-101.html. Zugegriffen 10.10.2017

(4) Quelle: http://www.ifd-allensbach.de/uploads/tx_studies/Jacobs_Freunde_fuers_Leben_2013.pdf. Zugegriffen am 12.10.2017

(5) Quelle: https://www.giz.de/akademie/de/html/1947.html. Zugegriffen am 25.11.2017

## Raum für ihre Gedanken

# Blütenblatt 6 – Netzwerk

1 Wer gibt Ihnen Kraft gibt, wer inspiriert Sie?
2 Wer begleitet Sie durch Tiefen im Alltag und wer schenkt Ihnen seine Anteilnahme und bringt Sie mit seinem Humor zum Lachen?
3 Was können Sie unternehmen, um Freundschaften lebendig zu halten?

Bitte schreiben Sie sich auf, was Sie unternehmen möchten, um Ihre Freundschaften lebendig zu halten. Notieren Sie auch, was Sie Ihren Freunden an Kraft und Zuversicht geben wollen.

Welches Gesprächsverhalten möchten Sie in Zukunft bewusst einsetzen, um die Bindung zu Kollegen zu stärken?

# KAPITEL 10
# **BLÜTENBLATT 7 LÖSUNG**
# EIN GUTES GEFÜHL

Nur wer sein Ziel kennt, findet den Weg.

*Lao-Tse*

Erfolg ist nicht bequem. Erfolg bedeutet, den Schweiß an den Händen zu ignorieren und sich außerhalb der Komfortzone zu bewegen. Er bedeutet auch, heute schon zu denken, was sich morgen erfüllen soll. Erfolg setzt Optimismus voraus – und auch das Kalkül, am Ende zu scheitern. Mit dieser Spannweite zwischen Gewinn und Verlust bewegen Sie sich durch stressreiche Zeiten. Wir raten Ihnen dennoch dazu. Denn der Stress vor dem Erfolg kann Sie beflügeln, wenn Sie in der Lage sind, ihn richtig zu dosieren.

Menschen brauchen die Herausforderung, um zu wachsen, um sich entlang ihrer Stärkenlinie weiterzuentwickeln und manchmal über sich selbst zu staunen. Dann tritt auf körperlicher, mentaler, kognitiver und emotionaler Ebene ein, was wir auf den vorherigen Seiten beschrieben haben: Das Zahnrad zwischen den Stoffwechselsystemen und Organen läuft wie geschmiert – und nimmt an Tempo auf. Die Atmung wird schneller, der Herzschlag auch, alles verlangt nach mehr Durchblutung, nach mehr Sauerstoff. Das ist für eine kurze Dauer sinnvoll, um außergewöhnliche Situationen zu bestehen. Das ist Ihr Kick zum Erfolg. Genießen Sie ihn. Spüren Sie, wie Sie punktgenau Ihre Leistung abrufen können, freuen Sie sich, wie Ihr Körper funktioniert. In diesem Falle ist die Herausforderung eine Art von Glück: Auf der kognitiven Ebene fügt Ihr Gehirn neue Verschaltungen hinzu, auf die Sie zukünftig zurückgreifen können. Auf der emotionalen Ebene empfinden Sie Zufriedenheit. Sie haben Ihr Bestes gegeben und werden in einer nächsten ähnlichen Situation gelassen reagieren, weil Sie wissen: Ich schaffe das. Um dieses Selbstbewusstsein zu trainieren, lohnt sich der Stress!

Stellen Sie sich vor, Sie würden gänzlich Stress vermeiden und sich sagen: »Nur keine Aufregung. Schonung ist das Prinzip.« Sie würden die nächste Präsentation vor dem Vorstand absagen, weil Präsentieren Sie aufregt. Sehr schnell würde ein Kollege den Part übernehmen und an Ihnen vorbeirauschen wie auf der Überholspur der Autobahn. Vermeidungstaktiken waren noch nie ein Karrieretreiber und auch in der Persönlichkeitsentwicklung sind sie nicht zu empfehlen. Ohne Stress ist kein Erfolg möglich. Wichtig bleibt es nur, dem Stress die negativen Spitzen zu nehmen und ihn nicht zur Gewohnheit werden zu lassen.

Erinnern Sie sich daran, was wir Ihnen mit dem Blütenblatt 2 *Veränderung* empfohlen haben: Verändern Sie Ihre Bewertung! Das möchten wir in diesem Kapitel gerne aufgreifen. Sie entscheiden, welche Herausforderung Sie annehmen, welchen Stress Sie zulassen. Sie entscheiden, ob Sie einen Erfolg positiv vorausdenken. Sie entscheiden, ob Sie einen Schmerz beenden, weil Sie ein Problem lösen. Sie entscheiden, ob Sie Ihre Stärken trainieren und dafür bereit sind, für eine Weile eine unbequeme Haltung einzunehmen. Nur Sie allein sind der Regisseur Ihrer Karriere und Ihres Lebens. Es wäre schön, würden Sie sich wie die Helden in der Literatur von Rückschlägen nicht entmutigen lassen, sondern immer wieder auf ein Happy End hinarbeiten.

Um zu entscheiden, ob Sie eine Herausforderung annehmen möchten, fragen Sie sich:

1. Ist die Herausforderung lohnenswert oder gefährlich?
2. Welche Stressoren werden mir in dieser Situation begegnen?
3. Wie werde ich mit diesen Stressoren umgehen?
4. Über welches Wissen, welche Fähigkeit, welche Strategie verfüge ich, um diese Herausforderung zu bewältigen?
5. Welches Gefühl empfinden ich wenn ich daran denke, die Herausforderung zu meistern?

Achtung: Sie sollten Herausforderungen nur annehmen, wenn Sie sich ausreichend belastbar und gesund fühlen. Sobald Sie unter dauerhaftem Stress leiden, kann es sein, dass Sie sich auf dem Lotus-Stressrad bereits auf Stufe 4 befinden. Das ist der Anfang eines Alarmzustandes. Dann verfügen Sie aktuell nicht über Ihre vollständigen Ressourcen. Sie benötigen eine Phase der Ruhe und Unterstützung zur Problemlösung.

## Wenn dem Stress die Leere folgt

Stillstand ist das Wort, das Manager fürchten wie ein Bergsteiger die Lawine. Denn Stillstand bedeutet den Verlust der Spitzenposition und im Folgenden das Ende der Karriere. So können wir durchaus, ohne uns in Verallgemeinerungen zu verlieren, behaupten: Manager setzen sich mit Vorliebe Ziele, geraten zuweilen gar in einen Ziele-Strudel und drohen darin zu ertrinken.

Wir erleben sowohl im Coaching als auch in der Klinik, dass Manager durch die Komplexität der Aufgaben, durch die Internationalisierung der Standorte und damit durch das Aufheben einer regelmäßigen Tages- und Nachtruhe verlernen, zwischen den Zielen eine Pause zu machen und sich eine Phase der Orientierung und Entspannung zu gönnen. Das aber ist die Voraussetzung für Zufriedenheit und für ein akzeptables Stressniveau. Wenn wir diesen gehetzten Managern sagen: »Gönnen Sie sich eine Auszeit«, dann ist das für sie ungefähr so spannend wie die Nachricht, dass über den Regenwäldern im Amazonas gerade Nebel aufsteigt. Sie rennen weiter den Zielen hinterher – und landen irgendwann in der Erschöpfung, weil die Selbstfürsorge im Sprint nicht möglich ist.

Wir erkennen diese Zielejäger daran, dass sie in der Klinik fragen, was die Meditation auf der Matte für einen Sinn habe. Sie versuchen zu erklären, das Liegen mache sie nervös. Wenn wir antworten, es gehe darum, den Geist zu beruhigen und den Alpha-Zustand der Gehirnwellen zu erreichen, dann winken sie ab und sehen sich nach einem Laufband um. In der Bewegung, so ihr Einwand, liege die Kraft.

Wer denkt, die Zeit mit seinen eng getakteten Zielen überwinden zu können, der treibt Raubbau an seinem Körper und verfestigt im Gehirn jene Muster, die ihn immer weiter laufen lassen. Das Gehirn gewöhnt sich an den Stress. Es ist irgendwann auf den Alarmzustand konditioniert.

Gleichzeitig wird unter Stress das Immunsystem geschwächt. Deshalb stecken sich auch viele gestresste Manager mit viralen Infekten an. Da aber die Stresshormone des Körpers die Immunantwort unterdrücken, bleiben Symptome aus.

Erst wenn der Stress sich legt und sich der Manager zu einer Auszeit zwingt, kommt es zu Symptomen wie Husten, Schnupfen und allgemeine Schwäche, weil der Körper nun bereit sein darf, die Infekte zu bekämpfen.

Denn nach wie vor gilt die evolutionsbiologische Reihenfolge: 1. überleben, 2. für die Gesundheit sorgen.

Für Tuffo Luno aus der Geschichte in Kapitel 1 ging es im Stress um das Überleben. Drohte akute Gefahr, so musste er handeln: kämpfen oder rennen. Deshalb wurden andere Funktionen wie das Immunsystem heruntergefahren. Hochgefahren wurde das System erst dann wieder, wenn die Erholung einsetzte. Dieses Prinzip gilt damals wie heute.

## Was wirklich wichtig ist

Mit dem *ersten Blütenblatt* haben Sie akzeptiert, was nicht zu ändern ist. Mit dem *zweiten Blütenblatt* haben Sie erkannt, dass es keine Sicherheit im Leben gibt und Veränderungen unabwendbar sind. Mit dem *dritten Blütenblatt* haben Sie erforscht, was Sie belastet und wie Sie hemmende Denkmuster durchbrechen. Mit dem *vierten Blütenblatt* ist es Ihnen gelungen, Ihre Gehirnwellen zu besänftigen. Mit dem *fünften Blütenblatt* ist Ihnen bewusst geworden, dass zu einer gesunden Lebensweise eine regelmäßige Stresshygiene zählt, dass Gesundheit Regeln braucht. Mit dem *sechsten Blütenblatt* haben Sie erfahren, wie wichtig Familie und Freunde für Ihr Glück sind und dass Sie Energiefresser am besten aus Ihrem Alltag eliminieren. Nun sind wir bei dem letzten *Blütenblatt sieben* der Lotus-Strategie angekommen. Es ist unser pragmatischstes Blatt, mit dem Sie Ihre Probleme anpacken. Gleichfalls spannt das Blütenblatt *sieben* den Bogen von der Analyse der Probleme und Veränderungsnotwendigkeiten zur Zielfestlegung. Indem Sie nun über Ihre aktive Problemlösung sichtbare Veränderungen bewirken, verschaffen Sie sich ein gutes Gefühl. Denn ein gutes Gefühl stärkt Ihre Widerstandskraft. Es wirft ein Licht voraus. Allerdings flackert dieses Licht, sobald Sie seinen Strahl mit zeitkritischem Verhalten durchbrechen. Das Agieren gegen den eigenen Takt, das Setzen von falschen Prioritäten, weil Sie den Zeitmustern anderer folgen, rauben Ihnen das gute Gefühl, mit sich selbst im Einklang zu sein.

Mit dem Lotusblütenblatt 7, dem Blütenblatt für die Lösung, legen wir Ihnen ans Herz, Ihre Probleme aktiv anzugehen und hierfür Lösungsstrategien zu entwickeln.

Das Thema Zeit berührt. Wenn Menschen am Ende ihres Lebens sagen: »Es ist so schnell vorbeigezogen. Ich wollte noch viel erledigen – und nun bleibt keine Zeit dafür«, dann sollte uns das nachdenklich stimmen. Das Leben ist eben keine Generalprobe. Sie können keinen einzigen verdammten Tag wiederholen! Wenn die Krankenschwester Bronnie Ware mit ihrem Buch »Fünf Dinge, die Sterbende am meisten bereuen« einen Weltbestseller landete, dann zeigt uns dies: Mitten in dieser komplexen Welt reift ein tiefer Wunsch. Er treibt aus dem Unterbewusstsein ins Bewusstsein und setzt sich dort in einem Satz fest: »Ich wünschte, ich hätte nicht so viel gearbeitet.« (1) Wenn wir diesem Satz eine biochemische Bedeutung geben, dann lautet er etwa so: »Ich wünschte, ich hätte nicht ständig unter meinem überhöhten Cortisolspiegel gelitten.«

Sie sind nicht auf dieser wunderbaren Erde, um atem- und schlaflos zu sein. Es ist nicht Ihre hauptsächliche Bestimmung, To-do-Listen abzuhaken oder Aufgaben zu erledigen, die Sie stressen. Nein, Sie sind hier, um in Ihrem Leben jene Zufriedenheit zu empfinden, die die Botenstoffe wie Serotonin, Dopamin, Oxytocin erzeugen. In einer stabilen Dosierung steigern diese Hormone Ihre seelische und körperliche Widerstandskraft, tragen dazu bei, dass Sie Sequenzen von Stress gut gelaunt überstehen. Dann wird der Stau am Morgen, der leere Kühlschrank zu Hause, die verpatzte Präsentation, das Raunzen des Chefs zur Randerscheinung, weil Sie in sich ruhen und weil Sie entschieden haben, sich Ihre begrenzte Ressource Zeit weder von ungünstigen Umständen noch von den Launen der anderen zumüllen zu lassen.

Wir halten nichts von den allgemeinen Zeitmanagementsystemen. Die meisten Standards stülpen über, was nicht zur Persönlichkeit passt. Ein unpassendes Zeitmanagement führt eher zu mehr Stress. Es ist viel sinnvoller, nach dem Charakter und nach den eigenen Stärken zu planen. »Jeder Mensch hat sein eigenes Lebenstempo, jeder Mitarbeiter seinen eigenen Zeittakt für Projekte.« (2) Gesellige zum Beispiel sollten auf Listen und Tabellen verzichten und stattdessen mit einem wertigen Notizbuch arbeiten, in das sie tageweise die Aufgaben planen, gerne versehen mit Fotos, Zeichnungen oder Karten. Ein solches Zeitbuch ist ein Tagebuch, ein Erinnerungsbuch, ein Buch für Termine, Gedanken und Wünsche. Ein Macher hingegen schätzt die digitale Rasanz. Was er denkt und plant, soll sein Team in Echtzeit erfahren. Elektronische Notizbücher, Audiodateien für Gedanken, eine Memowochendatei auf dem Tablet sind seine bevorzugten Instrumente, um Projekte zu begleiten. Auch delegiert er gerne auf Zuruf, postet seine Ideen oder sendet einen Screenshot via WhatsApp ins Team. Er jongliert mit seiner Zeit wie ein Künstler mit Bällen. Einen Analytiker würde das stressen. Er plant seine Zeit langsam und im Detail, er durchknetet die Aufgabe auf Relevanz. Dazu liebt er die Stille. Nichts geschieht im Affekt – alles ist wohldurchdacht. Tabellen sind sein Instrument.

Sobald ein Manager erkannt hat, wie er tickt, sobald er Ja sagt zu seinem eigenen Rhythmus und damit zu seiner Persönlichkeit, blüht er auf. In der Summe unserer Erkenntnisse können wir sagen: Widerstandskraft entsteht, wenn Sie um Ihre zeitkritischen Stolpersteine wissen und wenn Sie mit dem guten Gefühl durch Ihr Leben gehen, dass Sie

- genau dort sind, wo Sie sein wollen,
- die Aufgaben in Ihrem persönlichen Takt erledigen,
- die Freude an der Selbstfürsorge entwickeln,
- die stressigen Momente klein halten und mit einer positiven Bewertung versehen,
- die Ziele mit einem Lächeln erreichen, weil sie zu Ihnen passen,
- die Dinge, die für Sie dringlich sind, nicht verschieben,
- die Ziele, einmal definiert, beherzt und konsequent in kleinen Schritten verwirklichen,
- dringende Aufgaben im ersten Schritt und wichtige Aufgaben im zweiten Schritt erledigen,
- die Umsetzung der wichtigen, aber nicht dringlichen Aufgaben planen.

Wir empfehlen Ihnen, bei der Problemlösung immer zwischen Wichtigkeit und Dringlichkeit zu unterscheiden. Erledigen Sie dringliche Dinge sofort. Wichtige Dinge setzen Sie in von Ihnen reservierten Zeitfenstern um, weil Sie wissen, dass die wichtigen Dinge durch Aufschub dringlich werden.

Ziele sind keine Last, sondern Meilensteine auf Ihrem Lebensweg. Erreichen Sie sie mit Freude – oder formulieren Sie andere.

## Wenn Ziele einen Sinn haben

Sie minimieren den Stress in dem Augenblick, in dem Sie einen Sinn in Ihren Zielen sehen. Das bedeutet konkret: Solange Sie selbst Ihre Ziele bestimmen, weil diese für Ihre aktuelle Situation passend sind, werden Sie diese positiv bewerten. Natürlich verändern sich die Ziele mit den Jahren. Vielleicht strebten Sie vor zehn Jahren eine harmonische Partnerschaft und eine Familiengründung an, heute stehen Sie vor der Entscheidung, eine Versetzung ins Ausland anzunehmen und damit Ihre Karriere zu krönen. Um Ihre aktuellen, für Sie sinnvollen Ziele umzusetzen, bietet sich eine Methode an, die Robert Dilts in den 1990er Jahren entwickelte: die logischen Ebenen. Sie zeigen auf, wie Sie Ihre Ziele erreichen können, und auf dem Weg zur Zielerreichung zeigen die Ebenen, wie Sie Ihre Probleme lösen können.

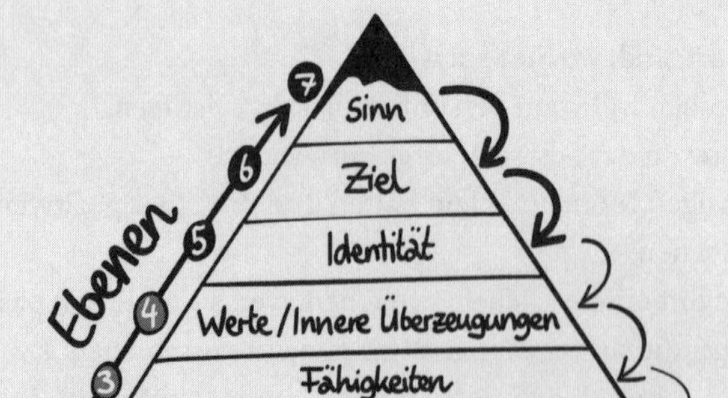


Die nach strenger Hierarchie angeordneten sieben Ebenen beeinflussen sich jeweils von oben nach unten. So wirkt die oberste Ebene »Sinn« auf die darunter liegende Ebene »Ziel« ein, während die Ebene »Ziel« die Ebene der »Identität« beeinflusst. Diese wiederum wirkt auf die Ebene der »Werte / der inneren Überzeugungen« ein und diese auf die Ebene der »Fähigkeiten«. Die Ebene der »Fähigkeiten« steuert die »Verhaltensebene« und diese nimmt zu guter Letzt Einfluss auf die unterste Ebene »Umfeld«.

Wollen wir beispielsweise eine neue Fähigkeit erlangen, so wird dies von der nächsthöheren Ebene beeinflusst. Wir können eine Fähigkeit nur erlangen, wenn wir die innere Überzeugung haben, diese Fähigkeit zu erlernen. Es handelt sich hierbei um eine jeweilige Abhängigkeit, die von oben nach unten diktiert wird.

Somit sollten Sie Ihr Problem, welches Sie lösen möchten, nicht nur auf der hierarchischen Ebene einordnen, zu der es offensichtlich gehört. Die Lösung für das Problem liegt immer auf der nächsthöheren Ebene, die dieses leitet und navigiert.

Und beachten Sie: Je höher die Ebene ist, desto anspruchsvoller wird die Veränderung.

**Die erste Ebene, genannt Umfeld,** bezieht sich auf die Umwelt, die Umgebung, vielleicht auch einfach nur auf den Raum, die Stadt, das Land, um das es bei Ihrem Problem geht.

Wenn Sie zum Beispiel in einem Großraumbüro arbeiten, so empfinden Sie Stress. Sie sind während konzentrierter Arbeitsphasen angespannt. Rund um Ihren Schreibtisch ist es zu laut und zu hektisch. Was Sie brauchen ist Ruhe. Damit liegt die Lösung bereits zum Greifen nahe. Das umfeldbedingte Problem steht in Abhängigkeit zu Ihrem *Verhalten*. Auf dieser Ebene, der Ebene des Verhaltens, ist es Ihnen möglich, eine Lösung zu finden. Verändern Sie Ihr Verhalten, damit Sie mit dem Umfeld kein Problem mehr haben: Sie könnten zum Beispiel für diese konzentrierten Arbeitsphasen Homeoffice-Tage beantragen. Sie könnten sich für besondere Aufgaben einen Noise-Cancelling-Kopfhörer aufsetzen. Sie könnten für anspruchsvolle Aufgaben auf Ihrer Büroetage einen Konferenzraum nutzen. Sie nehmen also ein neues Verhalten an, um Ihr Umfeldproblem zu lösen.

**Die zweite Ebene bezieht sich auf das Verhalten.** Dazu ein Beispiel: Es gibt Mitarbeiter, die fallen durch ironische Sprüche und Kommentare unangenehm auf. Was sie unter Humor verstehen, bringt andere in Bedrängnis. Das wiederum erschwert oft das Klima im Unternehmen und trägt zu einer schlechten Teamstimmung bei. Die Lösung ist: Das Verhalten zu reflektieren und die Wirkung auf andere zu hinterfragen. Sie als Manager könnten in einem Vier-Augen-Gespräch den Konflikt benennen und Ihren Mitarbeiter bitten, sein Verhalten zu ändern. Mit diesem Schritt bewegt sich der Mitarbeiter bereits auf die nächst höhere Ebene, die Ebene der *Fähigkeiten*, zu. Gemeinsam mit Ihrem Mitarbeiter überlegen Sie, welche Fähigkeiten nötig sind, um das kritische Verhalten und damit das Klima und die Kommunikation zu verbessern.

Unser Tipp lautet hier: Vereinbaren Sie mit Ihrem Mitarbeiter kleine Schritte, etablieren Sie Möglichkeiten zum Üben. Loben Sie bei Erfolg. Ein Hinweis kann sein: »Kontrollieren Sie Ihre Impulse. Unterdrücken Sie heute während des Meetings jegliche ironischen Kommentare.« Und weisen Sie ihn dann auf die Resonanz dieser Leistung hin. Denken Sie daran, der Mensch lernt über Erfahrungen, und je positiver diese konnotiert sind, desto eher wird er Freude erleben und diese gerne wiederholen.

**Die Problemlösung folgt auf allen weiteren Ebenen nach demselben Prinzip. Ordnen Sie das zu lösende Problem einer Ebene zu und bearbeiten Sie das Problem auf der nächsthöheren Ebene.**

Am Ende dieses Lösungsweges steht das Ziel. Damit lauten Fragen nach einem stimmigen Ziel:

1. Welches Ziel will ich erreichen?
2. Welcher Sinn steht über diesem Ziel für mich persönlich?
3. Was müsste passieren, damit ich das Ziel erreichen kann?
4. Kann ich es alleine erreichen oder benötige ich andere, um das Ziel in die Tat umzusetzen?
5. Machen Sie unbedingt die Gegenprobe, bevor Sie mit der Zielumsetzung starten, denn so manches Ziel hat sich dadurch als sinnlos erwiesen.

**Gegenprobe:** Wenn ich dieses Ziel erreicht habe, was verändert sich dadurch für mich auf allen Ebenen? Möchte ich diese Veränderung auf allen Ebenen in Kauf nehmen?

***Ziele setzen und Hindernisse bewältigen***

Definieren Sie ein Ziel und gehen Sie anschließend die Fragen von 1 bis 5 durch. Sollten Sie Hindernisse auf dem Weg zur Zielerreichung erkennen, nutzen Sie hierfür die sieben Ebenen. So können Sie prüfen, auf welcher Ebene sich das Hindernis befindet, und können es durch die jeweils höhere verändern und lösen.

## Nicht jammern – lösen!

Kennen Sie auch Kollegen, die ständig über ihre Aufgaben jammern? Sie haben keine Zeit, keine Lust, keine Kraft. Solche Menschen schütten ihre Probleme über andere aus und erhoffen sich davon eine Erleichterung. Allerdings geht diese Rechnung nicht auf. Das Jammern löst die Aufgaben nicht und Sie als Zuhörer kämpfen gegen den aufsteigenden Stress. Denn die Vorstellungskraft aktiviert dieselben Regionen im Gehirn wie das wirkliche Erleben. Wenn Sie zum Beispiel daran denken, in eine Zitrone zu beißen, dann reagieren Ihre Nerven auf den sauren Geschmack. Das Gehirn gibt den Impuls, mehr Speichel zu produzieren und das Gesicht zu verziehen. Deshalb lautet unser erster Rat: Meiden Sie Jammerer, denn die triggern in Ihnen negative Gedanken. Unser zweiter Rat lautet: Lösen Sie Ihre eigenen Probleme unkompliziert und ohne zu jammern. Bleiben Sie selbst Herr der Situation.

Nach dem Blütenblatt 7 finden Sie außerdem Lösungen für Ihre Probleme und sorgen für eine nachhaltige Umsetzung mit der folgenden Strategie:

**1. Ebene – das Problem.** Wählen Sie das Problem aus, welches Sie lösen möchten.

- Was ist Ihr zentrales Problem, welches Sie aktuell lösen möchten?

**2. Ebene – die Lösung.** Notieren Sie alle Möglichkeiten zur Problemlösung, gerne auch mit einem Partner.

- Was müsste passieren, damit Sie dieses Problem in Zukunft nicht mehr haben?
- Was können Sie selbst unternehmen, damit Sie dieses Problem in Zukunft nicht mehr haben?
- Von wem oder was sind Ihre Problemlösungsansätze abhängig?

**3. Ebene – die Umsetzung.** Planen Sie nun konkret, welche Schritte Sie als nächstes gehen möchten.

- Was möchten Sie als nächstes tun?
- Welche Tätigkeiten wollen Sie auf jeden Fall umsetzen, weil diese sie Ihrem Ziel näher bringen?
- Wie können Sie für eine nachhaltige, verbindliche Umsetzung im Alltag sorgen?

Machen Sie sich klar, was für Sie wirklich wichtig ist, was Ihrer persönlichen Zielerreichung dient. Leider ist es häufig so, dass Sie sich zwar vorgenommen haben, die für Sie wichtigen Dinge umzusetzen, jedoch von den dringlichen – also zeitkritischen – Dingen im Alltag gesteuert werden. Die meisten unserer Alltagsaktivitäten sind dringlich: Dann müssen Sie heute einkaufen, weil der Kühlschrank leer ist. Sie müssen heute die Bilanzen fertigstellen, weil morgen das Meeting stattfindet. Sie müssen noch schnell einen Kunden anrufen, um ihn zu informieren, dass sich die Lieferung verzögert. Das alles sind zeitkritische Dinge. Sie geben ihnen den Vorrang und vernachlässigen das, was Ihnen wirklich wichtig ist. Planen Sie deshalb gewissenhaft. Schaffen Sie Zeitfenster für wichtige Aufgaben. Terminieren Sie diese, damit das Wichtige nicht dringlich wird.

## Kreative Methoden zur Lösungsfindung

Damit Sie möglichst viele Lösungsstrategien finden, mit denen Sie Ihre Probleme lösen und für eine nachhaltige Umsetzung sorgen können, möchten wir Ihnen zwei kreative Methoden anbieten. Sie benötigen dafür Stift, Karten und Humor.

### *1. Brainstorming for one*

Schreiben Sie Ihr Problem auf eine Karteikarte. Und nun sammeln Sie mindestens zehn, besser noch zwanzig Ideen, die dieses Problem lösen. Lassen Sie Ihre Fantasie spielen. Alles ist möglich. Es gibt keinen Kritiker neben Ihnen, der die Stirn kräuselt, keine innere Stimme, die vor einer Niederlage warnt. Sie schreiben einfach auf, was Ihnen in den Sinn kommt, und je verrückter die Ideen sind, desto mehr Freude auf die Lösung werden Sie spüren. Kombinieren Sie die Ideen, die Sie auf den Karten notiert haben. Außergewöhnliche Kombinationen werden Ihre nächste Idee inspirieren. Trauen Sie sich, einmal wieder das Kind in sich zu entdecken.

### *2. Kopfstandtechnik*

Diese Technik ist der Psychotherapie entliehen, wird dort als paradoxe Intervention eingesetzt, um Klienten in einer humorigen Weise mit ihren Ängsten und Angewohnheiten zu konfrontieren. Die Vorgehensweise mag erst einmal ungewohnt sein und ein wenig an Pippi Langstrumpf erinnern, die auch gerne ihre Welt auf den Kopf stellte und damit andere verunsicherte.

Nicht immer ist das stromlinienförmige Denken zielführend. Manchmal kann die ungewohnte Perspektive Gedankenschleusen öffnen. Sie fragen nicht: »Wie kann ich effektiver arbeiten?«, sondern Sie verdrehen die Frage ins Gegenteil: »Was muss ich tun, um garantiert nicht effizient zu arbeiten?« Dann schreiben Sie die Antworten in der Art eines Brainstormings auf Karten. Zu diesen Ideen suchen Sie dann die Gegenlösungen, um die ursprüngliche Frage zu beantworten. Die Kopfstandtechnik ist ein Umweg zu einer Lösung, eine Art spielerisches Ornament im Denken.

Nehmen Sie sich dafür ein paar Tage Zeit. Schlafen Sie immer wieder über Ihre Auswahl. Wenn Sie sich dann entschieden haben, arbeiten Sie weiter.

Auf Ihre Umsetzung der Lösungsstrategie folgt das gute Gefühl. Auf dem folgenden Notizblatt können Sie die ersten Schritte dazu machen. Wir wünschen Ihnen viel Erfolg dabei.

## Literatur

(1) Ware, Bronnie: »Fünf Dinge, die Sterbende am meisten bereuen«. 13. Auflage 2013. Arkana, München, S. 107

(2) Brandt, Eva: »Zeitmanagement im Takt der Persönlichkeit«. 2017. Beltz, Weinheim

## Raum für Ihre Gedanken

# Blütenblatt 7 – Lösung

1 Welche Aufgaben sind für Sie dringlich, also unaufschiebbar?
2 Ohne Zeitplanung geraten Sie in Stress. Wie möchten Sie die wichtigen Dinge in Ihrem Leben umsetzen? Planen Sie konkret!

Wie können Sie sich in Ihrem Zeitmanagement ein Fenster öffnen, das Sie nur mit wichtigen Aktivitäten füllen, die Ihnen ein gutes Gefühl geben, etwas für Ihre Seelenstärke zu tun?

# KAPITEL 11
# ACHTSAMKEIT ÜBEN

Wenn wir in der Stille verweilen,
äußert sich der urteilende Geist
oft mit der Stärke eines Nebelhorns.

*Jon Kabat-Zinn*

Es gibt keine bewährte Stressstrategie ohne Achtsamkeit. Auch wir wollen am Ende des Buches darauf eingehen. Dabei legen wir Wert darauf, sie nicht in den spirituellen oder gar esoterischen Rahmen zu packen. Vielmehr verstehen wir die Achtsamkeit als einen wissenschaftlicherforschten Aspekt, um Körper und Psyche in Einklang zu bringen. Das wird Ihnen gelingen, wenn Sie sich bewusst machen, dass für jegliches Denken, Fühlen, Entscheiden und Handeln nur die Gegenwart den Boden bereitet. Die Gegenwart, so hat es der Gehirnforscher Ernst Pöppel gemessen, dauert lediglich drei Sekunden. Aus dieser Sequenz bestehen Musik, Sprache, Bewegung, sie ist der Takt, in dem wir uns wohlfühlen, weil das Gehirn genau diese drei Sekunden braucht, um Information und Reiz zu verarbeiten. Dann sendet eine Nervenzelle Energie weiter, dann entsteht die »neuronale Oszillation«, wie Wissenschaftler den Vorgang nennen. Das Gehirn benötigt also diesen Drei-Sekunden-Rhythmus, um wahrzunehmen und diese Wahrnehmung zu verarbeiten. Wer glaubt, die Gegenwart beschleunigen zu können, der irrt, denn er trainiert sich die Achtsamkeit ab.

In der Lotus-Strategie ist die Gegenwart ein bewusster Raum. Er ist ein Schutzraum vor sich drehenden Gedanken, vor Ungeduld und vorschneller Bewertung. Er ist voller Sauerstoff und Frische. In ihm entsteht Leichtigkeit und Neugierde auf den Moment. Dieser Raum ist gedacht, um die wunderbare Verbindung zwischen Körper und Psyche zu stabilisieren. Wir wollen Sie einladen, diesen Raum zu betreten, den Sie nur im Hier und Jetzt finden. Alles, was Sie dazu benötigen, das ist Ihr Entschluss, für eine Viertelstunde jegliche Ziele zur Seite zu schieben und sich auf eine gedankliche Reise durch Ihren Körper zu begeben. Denn der Raum, den wir meinen, der befindet sich in Ihnen selbst.

Um Körper und Geist in Einklang zu bringen, um dem Moment wieder eine Bedeutung zu geben, haben wir für Sie als letzte Trainingseinheit den Body Scan gewählt. Sie werden mit dieser rund 15-minütigen Übung

1. innere Stärke gewinnen,
2. Ruhe in Entscheidungen bringen,
3. die Sinne schärfen für das, was ist.

## Body Scan

Der Body Scan hat seinen Ursprung im Buddhismus. Er wurde vor rund 30 Jahren von dem US-Medizinprofessor Jon Kabat-Zinn und seinen Kollegen als Teil seines Anti-Stress-Programms für die Klinikanwendung weiterentwickelt. Sein »Mindfulness-based stress reduction«-Konzept (1) besteht aus Achtsamkeit, Meditation und Yoga, wobei die Achtsamkeit den Kernpunkt der Stressbewältigung darstellt.

Der Body Scan ist eine Übung aus diesem Programm, die sowohl die Gehirnwellen in den Alpha-Zustand bringt als auch ein Bewusstsein für den Körper erzeugt, weil Schmerz, Spannung oder Ermüdung, im besten Falle Wohlgefühl, wieder wahrgenommen werden. Der Body Scan, wie wir ihn verstehen und anbieten, dient Ihrer wachen Präsenz, Ihrer Achtsamkeit. Deshalb empfehlen wir Ihnen, diese Übung im Sitzen durchzuführen.

Nehmen Sie sich eine Viertelstunde Zeit.

Setzen Sie sich bequem auf einen Stuhl. Der Rücken ist gerade, beide Fußsohlen berühren den Boden.

Legen Sie die Handflächen auf die Oberschenkel. Sie sind präsent. Ihre Sinne sind aktiv.

Wenn Sie möchten, schließen Sie die Augen. Atmen Sie ein, atmen Sie wieder aus. Ihre Aufmerksamkeit richtet sich nach innen.

Senden Sie Ihre Aufmerksamkeit mit dem nächsten Einatmen in Ihren linken Fuß. – Was spüren Sie? Wärme, Kälte, ein Kribbeln oder den Boden unter dem Fuß? Was immer Sie wahrnehmen, es ist richtig. Bewerten Sie nichts, atmen Sie wieder aus.

Senden Sie Ihre Aufmerksamkeit mit dem nächsten Einatmen in Ihre linke Wade. – Was spüren Sie? Schwere, Verhärtung oder ein Wohlgefühl? Was immer Sie wahrnehmen, es ist richtig. Bewerten Sie nichts, atmen Sie wieder aus.

Senden Sie Ihre Konzentration mit dem nächsten Einatmen in Ihren linken Oberschenkel. – Was spüren Sie? Müdigkeit, Schmerz oder ein Wohlgefühl? Was immer Sie vorfinden, es darf genau so sein. Was immer Sie wahrnehmen, es ist richtig. Bewerten Sie nichts, atmen Sie wieder aus.

Senden Sie Ihre Aufmerksamkeit mit dem nächsten Einatmen in Ihr Gesäß. – Was spüren Sie? Mangel an Bewegung, eine leichte Spannung der Muskulatur oder ein Wohlgefühl? Was immer Sie wahrnehmen, es ist richtig. Bewerten Sie nichts, atmen Sie wieder aus.

Senden Sie Ihre Wahrnehmung mit dem nächsten Einatmen in Ihre Lendenwirbel. – Was spüren Sie? Druck, Last, Unbeweglichkeit oder ein Wohlgefühl? Nehmen Sie wahr, was gerade ist. Ganz wertfrei. Was immer Sie wahrnehmen, es ist richtig. Bewerten Sie nichts, atmen Sie wieder aus.

Sollten Ihre Gedanken abweichen, so holen Sie diese mit Ihrer nächsten Atmung zurück.

Senden Sie Ihre Konzentration mit dem nächsten Einatmen in Ihren rechten Fuß. – Was spüren Sie? Ein Kribbeln an den Zehen, einen Druck am Ballen, die Schwere der Ferse oder ein Wohlgefühl? Was immer Sie wahrnehmen, es ist richtig. Bewerten Sie nichts, atmen Sie wieder aus.

Senden Sie Ihre Aufmerksamkeit mit dem nächsten Einatmen in Ihre rechte Wade. – Was spüren Sie? Unruhe, Schwere oder ein Wohlgefühl? Erlauben Sie sich, das, was Sie wahrnehmen, so sein zu lassen. Was immer Sie wahrnehmen, es ist richtig. Bewerten Sie nichts, atmen Sie wieder aus.

Senden Sie Ihre Wahrnehmung mit dem nächsten Einatmen in Ihren rechten Oberschenkel. – Was spüren Sie? Unruhe, Verhärtung oder ein Wohlgefühl? Was immer Sie wahrnehmen, es ist richtig. Bewerten Sie nichts, atmen Sie wieder aus.

Lassen Sie sich von Geräuschen im Außen nicht ablenken, was ist, das ist. Sie greifen nicht ein. Sie bleiben mit Ihrer Aufmerksamkeit in Ihrem Körper.

Senden Sie Ihre Wahrnehmung mit dem nächsten Einatmen in Ihren Bauch. – Was spüren Sie? Ein Grummeln, ein Krampfen oder ein Wohlgefühl? Was immer Sie wahrnehmen, es ist richtig. Bewerten Sie nichts, atmen Sie wieder aus.

Senden Sie Ihre Aufmerksamkeit mit dem nächsten Einatmen in Ihren Brustkorb. – Was spüren Sie? Enge, Weite, Druck oder ein Wohlgefühl? Was immer Sie vorfinden, es darf genau so sein. Was immer Sie wahrnehmen, es ist richtig. Bewerten Sie nichts, atmen Sie wieder aus.

Senden Sie Ihre Konzentration mit dem nächsten Einatmen in Ihre linke Hand. – Was spüren Sie? Schwere, Starrheit oder ein Wohlgefühl? Was immer Sie wahrnehmen, es ist richtig. Bewerten Sie nichts, atmen Sie wieder aus.

Senden Sie Ihre Wahrnehmung mit dem nächsten Einatmen in Ihren linken Arm. – Was spüren Sie? Schwere, Müdigkeit, Spannung oder ein Wohlgefühl? Was immer es ist – bemerken Sie es, ohne es zu bewerten. Was immer Sie wahrnehmen, es ist richtig. Bewerten Sie nichts, atmen Sie wieder aus.

Widerstehen Sie dem Impuls, die Körperreise abzubrechen. Fokussieren Sie sich mit Ihrem Atem. Er kommt und geht, der Bauch hebt und senkt sich. Sie bleiben in Ihrem Rhythmus.

Senden Sie Ihre Aufmerksamkeit mit dem nächsten Einatmen in Ihre rechte Hand. – Was spüren Sie? Ein Kribbeln, Kühle, Schwere oder ein Wohlgefühl? Was immer Sie wahrnehmen, es ist richtig. Bewerten Sie nichts, atmen Sie wieder aus.

Senden Sie Ihre Konzentration mit dem nächsten Einatmen in Ihren rechten Arm. – Was spüren Sie? Schwere, ein Ziehen oder ein Wohlgefühl? Nehmen Sie wahr, was ist. Was immer Sie wahrnehmen, es ist richtig. Bewerten Sie nichts, atmen Sie wieder aus.

Senden Sie Ihre Wahrnehmung mit dem nächsten Einatmen in Ihren Nacken. – Was spüren Sie? Härte, Verspannung, Unbeweglichkeit oder ein Wohlgefühl? Was immer Sie wahrnehmen, es ist richtig. Bewerten Sie nichts, atmen Sie wieder aus.

Senden Sie Ihre Aufmerksamkeit mit dem nächsten Einatmen in Ihr Gesicht. – Was spüren Sie? Festigkeit im Kiefergelenk, Schmerzen in den Schläfen, ein Zucken am Augenlid, ein Wohlgefühl? Was auch immer es ist, erlauben Sie sich, es wahrzunehmen und anzunehmen. Was immer Sie wahrnehmen, es ist richtig. Bewerten Sie nichts, atmen Sie wieder aus.

Senden Sie Ihre Aufmerksamkeit mit dem nächsten Einatmen in den Kopf. – Senden Sie ein warmes Licht in Ihr Gehirn, genießen Sie das gute, helle Gefühl in Ihrem Kopf. Lassen Sie die Gedanken los, bleiben Sie mit Ihrem Atem in diesem Moment.

Atmen Sie ein und senden Sie dieses warme Licht durch Ihren gesamten Körper, genießen Sie das Wohlgefühl. Lächeln Sie. Schlagen Sie die Augen wieder auf. Atmen Sie noch einige Male in diesem langsamen gleichbleibenden Rhythmus weiter. Seien Sie dankbar für Ihre Viertelstunde in purer Gegenwart.

Sie können diese Übung auch als Audiodownload durchführen. Den Zugangscode finden sie auf Seite 17.

## Literatur

(1) Kabat-Zinn, Jon: »Gesund durch Meditation«. 2013. Knaur, München.

# SCHLUSSWORTE
# DER ABPERLEFFEKT

Als wir 2014 die Lotus-Strategie entwickelten, hatten wir zunächst Manager im Blick. Sie sind es, die Unternehmen mit ihren Ideen voranbringen sowie die Stärken der Mitarbeiter erkennen und fördern. Sie sind es, die täglich den 360-Grad-Blick anwenden, um die Gegenwart zu sichern und die Zukunft zu denken. Oft übernehmen sie die Verantwortung für hunderte Menschen, denn mit ihren Entscheidungen erhalten und schaffen sie Arbeitsplätze. Sie sind bereit, bis an die Leistungsgrenze und darüber hinaus zu gehen. Das finden wir bewundernswert.

Karrieren werden nicht in Pastell gezeichnet. Sie brauchen Pointierungen, Brüche und manchmal den Schmerz. Wer es schafft, das auszuhalten, der wird sein Potenzial ausschöpfen. Der wird diesen kurzen Schmerz der Veränderung und des Fortschritts in eine positive Energie verwandeln. Manager sind dazu bereit. Ein Coach, der das erkennt, der wird dieses Karrierestreben unterstützen, der wird nach der Superkompensationsmethode arbeiten und sagen: »Glückwunsch zum Erfolg! Formulieren Sie Ihr nächstes Karriereziel. Aber bevor Sie starten, kommen Sie erst einmal zur Ruhe. Geben Sie sich Zeit, um in eine positive Erwartungshaltung zu gehen.« Und genau diesen Rat möchten wir auch unseren Lesern geben, die nicht im Management tätig sind. Denn Stress wirkt unabhängig von Beruf, Alter, Bildung oder Nationalität. Stress ist universell, folgt überall auf der Welt den gleichen Mustern. Diese Tatsache macht die Frage nach einem Abperleffekt so bedeutsam.

Unsere Antworten darauf haben wir Ihnen mit den sieben Blütenblättern in diesem Buch überreicht. Wir wünschen uns, dass Sie mit Zuversicht diese Blätter lesen und den Übungen folgen. Sie sind die

Essenz unserer Forschungsarbeiten, in die Erkenntnisse verschiedener Wissenschaftsbereiche eingeflossen sind. Aber wir wollen Ihnen nicht verheimlichen, dass es noch etwas Elementares gab, das den Impuls in uns groß werden ließ, unser Buch zu schreiben. Dieses Etwas fand jenseits von Formeln und Studien statt. Es fädelte sich wie von selbst in die Arbeit ein, es berührte uns zutiefst. Wir meinen die Momente nach langer Zusammenarbeit, wenn sich bei unseren Klienten der Stress auflöste. Dann veränderten sich seine Worte. Die Worte malten Freude in den Raum. Dann veränderte sich die Mimik. Die Mimik zog sich zu einem Lächeln auf. Dann schimmerten Ideen durch ein Gespräch. Die Ideen versprühten Lebenslust. Wir haben diese kleinen Dinge so viele Male wahrgenommen und sie wie ein Geschenk in uns verwahrt. Auch davon wollten wir berichten.

Ja, Stress gehört zum Leben. Aber bitte bedenken Sie: Sie entscheiden, wie Sie Ihren Stress dosieren, bewerten oder abperlen lassen. Sie entscheiden, was Ihnen guttut, wann Sie Stille genießen. Sie entscheiden, was Sie akzeptieren oder verändern. Sie entscheiden, wofür Sie dankbar sind.

Sie entscheiden, wie Sie leben!

# DANKSAGUNG

Es ist uns ein Anliegen, an dieser Stelle einigen Menschen unseren Dank auszusprechen, denn ein Buch schreibt sich nicht allein. Begleitet wurde es von unseren Familien, von Freunden, den Mitarbeitern des Campus Verlags, Wissenschaftlern und vielen weiteren Personen, die mit uns gedacht, diskutiert und uns inspiriert haben. Allen sagen wir Danke.

An dieser Stelle danken wir von Herzen unseren Familien. Sie haben uns mit ihrer Geduld und ihren Aufheiterungen durch die Schreibphase getragen. Sie haben uns aufgemuntert und uns Kraft gegeben, durchzuhalten und beim Schlusspunkt anzukommen. Ebenso danken wir Evas Ehemann im Speziellen, da er nicht müde wurde, das Buch Korrektur zu lesen und mit uns darüber zu diskutieren.

Besonders bedanken wir uns bei Ihnen, unseren Kunden, Coachees und Seminarteilnehmern, die wir bisher mit unserer Lotus-Strategie begleiten durften beim Aufbau Ihres persönlichen Abperleffekts. Durch Sie durften wir die Lotus-Strategie aktiv erleben und wurden so inspiriert, dieses Wissen in Worte zu fassen und in dieses Buch zu kleiden. Ebenso sagen wir Danke bei unserer Lektorin Frau Danja Hetjens vom Campus Verlag, die immer ein Ohr für unsere Anliegen hatte und uns mit Vertrauen, Inspiration und Freude von Anfang bis zum Schluss zur Seite stand. Dies gilt auch für Frau Selina Hartman, die von Anfang an das Buch glaubte und es erst ermöglicht hat, uns die Tür öffnete, um unseren Traum zu Papier zu bringen. Frau Gabriele Borgmann hat uns durch ihren ermutigenden Workshop zu Beginn unserer Arbeit den richtigen Weg aufgezeigt, auch ihr sei vielmals gedankt. Miriams Vater danken wir dafür, dass er ins Thema mit eingetaucht ist und uns mit seiner Inspiration bereichert hat. Und ganz speziell bedanken wir uns bei Herrn Dr. Klaus Gerlach, der uns aus der Sicht der medizinischen Wissenschaft begleitet und dem Thema eine ganz besondere Note gegeben hat. Gleichfalls danken wir Frau Anna Sulimma, die mit so viel Engagement und Kreativität die ausdrucksvollen Bilder entwickelt hat und das Buch damit bereichert. Herzlichen Dank sagen wir ebenfalls der Stimmtrainerin Dunja Koppenhöfer, die uns mit ihrer fantastischen Stimme einen professionellen Audiodownload der Entspannungsübungen ermöglichte. In diesem Zusammenhang danken wir auch Stephan Weber, der uns sein STUDIO 22 zur Verfügung stellte und uns mit seiner Kompetenz mit Rat und Tat zur Seite stand, bis die Aufnahmen für uns perfekt waren. Wir sagen Evas Schwiegervater Dr. Harm Brandt danke, der mit Engelsgeduld und Genauigkeit Korrektur gelesen hat.

Danke all denjenigen, die bereit waren, mit uns die verschiedenen Seiten zu reflektieren, um unseren Blick zu schärfen für dieses wichtige Thema, für die Herausforderungen im beruflichen Alltag und für die Menschen, die diesen Herausforderungen täglich standhalten müssen.

# LITERATUR

BMAS/BAuA: »Sicherheit und Gesundheit bei der Arbeit«. 2013

Bauer, Joachim: »Das Gedächtnis des Körpers«. 2013. Piper, München

Bernard, Claude: »Introduction a l'etude de la médecine expérimentale«. 1865. J.-B. Baillière et fils, Paris

Brandt, Eva: »Zeitmanagement im Takt der Persönlichkeit«. 2017. Beltz, Weinheim

blog.wiwo.de/look-at-it/2015/04/22/big-data-25-trillionen-byte-daten-jeden-tag-wachst-vier-mal-schneller-als-weltwirtschaft/. Zugegriffen am 14.1.2018

Deutsche Rentenversicherung Bund: »Rentenversicherung in Zeitreihen«. 2012 und 2013

Emerson, Ralph Waldo: »Selbstvertrauen«. E-Book 2014. FV Editions, Aigle

Fredrickson, Barbara: »Die Macht der Liebe«. 2014. Campus, Frankfurt

Harris, Thomas A.: »Ich bin o.k., du bist o.k.«. 50. Auflage, 1975. Rowohlt, Hamburg

Heimsoeth, Antje: »Sportmentaltraining«. 2015. Pietsch, Stuttgart

Hüther, Gerald: »Biologie der Angst. Wie aus Stress Gefühle werden.« 13. Auflage 2015. Vandenhoeck & Ruprecht, Göttingen

Kabat-Zinn, Jon: »Gesund durch Meditation«. 2013. Knaur, München.

Lazarus, Richard S.: »Psychological stress and the coping process«. 1966. McGraw Hill, New York.

Lazarus, Richard S., Launier, Raymond: *Stressbezogene Transaktionen zwischen Person und Umwelt.* In: Jürgen R. Nitsch (Hrsg.) »Stress. Theorien, Untersuchungen, Maßnahmen«. 1981. Huber, Bern

Roth, Gerhard: »Persönlichkeit, Entscheidung und Verhalten«. 9. Auflage 2015. Klett-Cotta, Stuttgart

Schaarschmidt, Uwe, Fischer, Andreas W.: »Arbeitsbezogenes Verhaltens- und Erlebensmuster«. 3. Auflage 2008. Pearson, London

Schulz von Thun, Friedrich: »Miteinander Reden 2: Stile, Werte, Persönlichkeitsentwicklung«. 34. Auflage 2010, rororo, Hamburg

https://digitaler-mittelstand.de/business/ratgeber/changemanagement-8-phasen-nach-john-p-kotter-7090. Zugegriffen am 27.7.2017

https://ptaforum.pharmazeutische-zeitung.online/index.php?id=8302. Abruf am 14.11.2016

Selye, Hans: »Stress – Bewältigung und Lebensgewinn«. 1982. Piper, München

Spitzer, Manfred, Bertram Wulf: »Braintertainment«. 2007. Schattauer, Stuttgart

Stahl, Stefanie: »Das Kind in dir muss Heimat finden«. 2015. Kailash, München

Ware, Bronnie: »Fünf Dinge, die Sterbende am meisten bereuen«. 13. Auflage 2013. Arkana, München

Wenger, Ruth: »Der Alpha-Faktor«. 2013, Business-Village, Göttingen

www.spektrum.de/magazin/hirngroesse-und-menschliche-evolution/822523. Zugegriffen am 6.6.2017

www.daserste.de/information/wissen-kultur/w-wiewissen/sendung/2009/welt-in-zahlen-das-gehirn-100.html. Zugegriffen am 19.7.2017

www.boyden.com/media/leadership-in-der-digitalen-welt-boyden-studie-2017-1787791/index.html?_ga=2.256256386.882430165.1502817582-1425612547.1502817582. Zugegriffen am 15.8.2017 www.focus.de/gesundheit/gesundleben/stress/symptome/bitte-entspannen-stress-laesst-das-gehirn-schrumpfen_id_4250445.html. Abruf am 11.11.2016

www.tagesschau.de/inland/gluecksatlas-101.html.Zugegriffen 10.10.2017

www.ifd-allensbach.de/uploads/tx_studies/Jacobs_Freunde_fuers_Leben_2013.pdf. Zugegriffen am 12.10.2017

www.giz.de/akademie/de/html/1947.html. Zugegriffen am 25.11.2017

www.spiegel.de/spiegel/print/d-14352788.html. Zugegriffen am 16.10.2017